海洋遊俠

廖鴻基 著

台灣的海

山的連綿、水的迷幻，以及
所有海面下看不見的一切，
不時召喚著我。
每當航行，享受這台灣海，
我像是超越了平常的自己，
成了海的一份子。

鯨豚．記事

海面上乍見鯨豚跳躍，一隻追著一隻，一群跟著一群，牠們叫什麼名字？將遊向何地？既然無法令牠們停下，自我介紹，然後握握手，我只好當個鯨豚迷，寫著一頁又一頁的鯨豚故事。

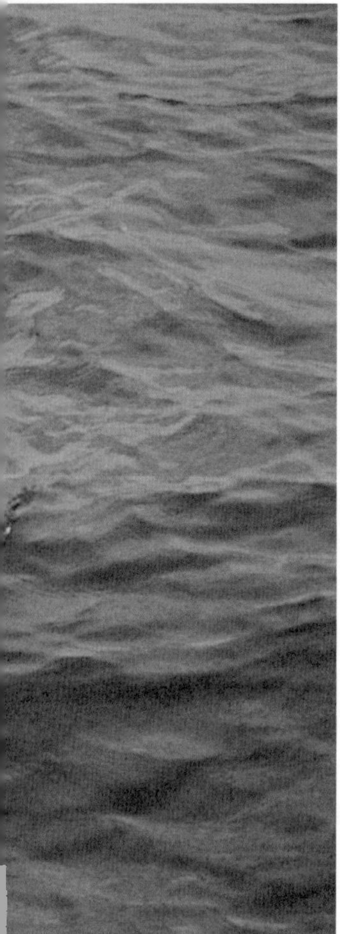

黑潮

習慣於黑潮流過的深藍水域，它的氣味、觸覺，它的顏色、溫度，不知何時開始迷惑我。也許是因為台灣東海岸深達幾千公尺，所以黑潮才來吧！鯨豚隨著這股海流，循環反覆地拜訪台灣。這，不知幾千幾萬年了。

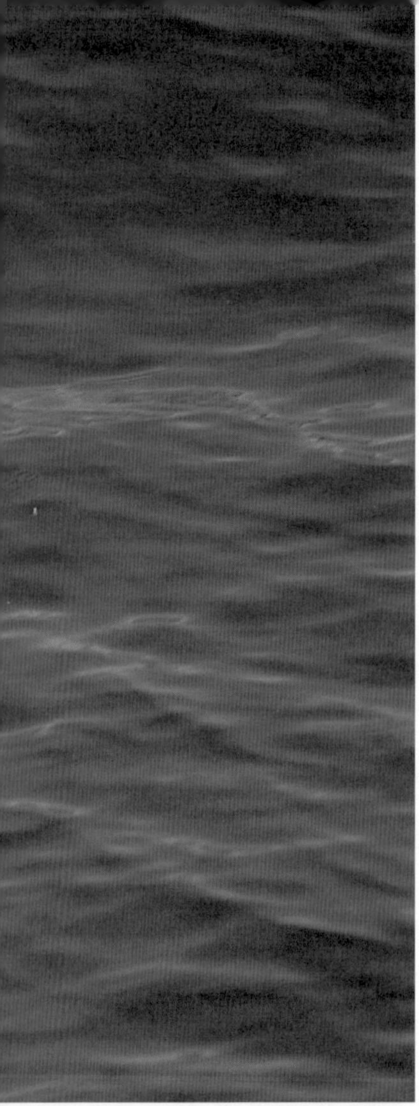

跳躍跳躍

〔匆匆〕

有一種海豚，游泳的身段特別炫，彷彿不從海裡躍向天空，然後鏢射入海，就不叫飛旋海豚。是否牠們也有想飛的欲望，就如同我們人類？

藏在水裡的，我們只能想像，多虧了這群，才能親睹活生生的牠們。

舞〔滋味〕

彷彿染上人間的神奇，牠們舞著，在閃爍的光亮中，所有的遊客都嘆息了！
走完一段沈寂的海路，忽然迸出這搔首弄姿的傢伙，你忽然大呼：啊，這是一個允許孩子氣的大海耶！

岩”

尋覓大海裡的一座島嶼，航向無人跡的天涯海角，不就是出海的目的嗎？雖然，那是現實的不可能，卻能在海中凸起的岩塊找到寄託。

也許正因為它們在波濤巨浪中支撐著，苦苦支撐著，航海人彷彿藉此而了解了自己的身世。

岸〔交會〕

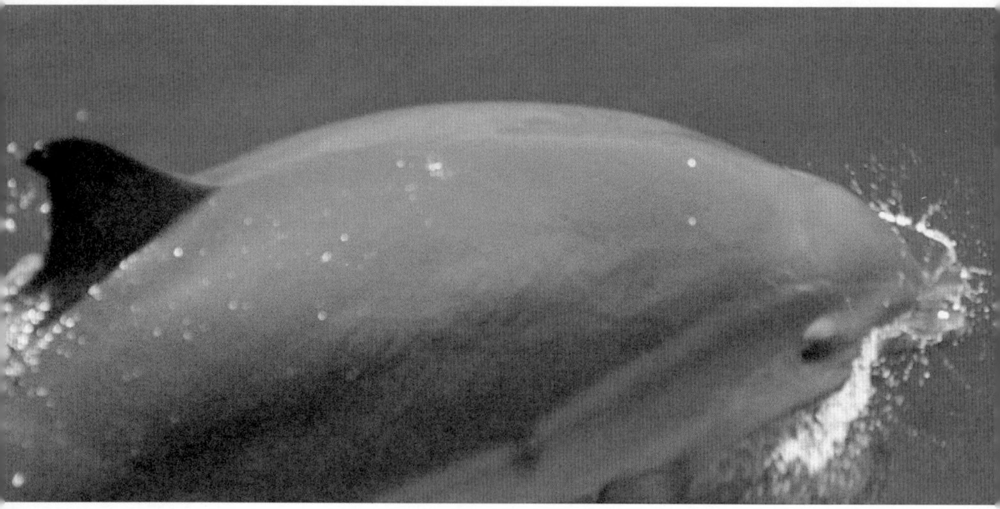

靠岸！靠岸！「岸」是用來靠的，但是鯨豚的心中沒有岸，牠們四處遊走，偶而找個地方歇歇腳。

現在，鯨豚越來越少接近人類活動的海岸，因為沿海被污染了。

賞鯨，只能在離岸更遠處。

台灣尾

〔巨鯨〕

台灣中央山脈，像一頭巨鯨的背脊凸舉於海面，恆春半島是尾柄，而墾丁鵝鑾鼻和貓鼻頭兩座鼻岬，則恰似尾鰭的兩個端點。

海洋的吞吐及呼吸，把尾鰭兩端激得波濤洶湧，迤邐向南輻射而出的兩道漾漾白濤，如同巨鯨游進時尾鰭甩擺時蕩起的水花波紋。

台灣這頭巨鯨，是活的。

目錄
content

卷四

台灣尾

卷五

契角家族

卷九

海的性格

卷十

海洋城市

卷十一

海的叮嚀

〈自序〉

我心中的海洋平台

回想一生中，除非必要，我很少離開我生長的故鄉——花蓮。我喜歡花蓮的山、川、大海，喜歡這大山大海所構組的磅礴氣勢。每次離開花蓮，我習常將離開視為匆匆過渡的旅程，外出的事務一旦辦完，我便會想家、便會想即刻回到花蓮。

三十五歲出海成為討海人以後，我的海上行跡也大致落在台灣東部海域。我習慣黑潮的深藍水色，習慣從海上回頭探望聳揚橫亙的鬱藍山脈……我深刻的探觸我的家鄉、近切的嗅覺家鄉的氣味……我書寫對家鄉的感情，記錄海上生活的點滴。

台灣多山，山脈綿貫整座島嶼；台灣四面臨海，海洋環抱四處相連相通，那翻越山嶺後的世界、那隨著岸緣矇矓遠去的另一片海域……那陌生而神秘的世　界……這一切都不時隱隱召喚著我跨越的衝動及想像。

我認知到我的生活領域是偏狹的，我的書寫及創作必然也因而是受限的。多年海上生活，我體認到海洋是寬廣無限的；海洋是龐碩豐美的。漸漸的，那眼界無法觸及的陌生海域傳來一波波召喚，時時刻刻，我提醒自己不應該自我設限。

二〇〇〇年，黑潮海洋文教基金會得到墾丁國家公園委託執行維期一年的「墾丁國家公園鄰近海域鯨豚類生物調查研究計畫」。我曉得，踏出花蓮海域的機會來了。我自願擔任計畫工作人員之一，並且，相當篤定的，除了執行這個計畫，我將書寫報導這個計畫。

我不是恆春在地人，這一年的計畫中，要如何深刻感受在地風情，我的歷練與能力顯然是短促而不足的。然而，我是堅持的，我堅持探索的心，堅持身體力行，堅持一步一浪痕細膩的來感知墾丁這陌生的領域。

這不僅是一個考驗也是開創，我相當自信我對海洋的感覺，我也曉得我們海洋國家欠缺的是海洋觀點及海洋認同。我放手書寫，大膽的設定我感受海洋的能力及書寫的能耐。

計畫結束後，我回頭檢視這一年來的經歷，相當具像的，從陌生到認識到歡喜，對於台灣尾這片海域，我有著從朦朧中甦醒過來的情感。

對我而言，這個計畫也是我踏出去自我設限的關鍵及機緣。一年過後，我內心的故鄉版圖不再侷限於花蓮；我內心裡的海洋版圖，也不再設限於台灣東部海域。

這本書的完成，衷心感謝給予我們執行這個計畫機會的墾丁國家公園及多位學者教授的鼓勵，感謝工作船滿隆號及兩位配合執行這項計畫的兩位老船長，感謝黑潮海洋基金會的工作伙伴。

藉這本書出版的機會，我要特別感謝方力行老師。方老師有一次對我說，你已經站在一個平台上，你的四周都是更高的平台，一個平台有一個平台不同的視野，登上每一個平台都需要樓梯，都需要工具，告訴我，你接著要寫什麼？登上另一座平台吧！

若比喻花蓮海域是我生命中的第一座海洋平台，鄤丁這個計畫及這本書的出版，我覺得，我獲得了膽識及能力攀上我生命中的第二座海洋平台。如海洋的寬闊及海洋不歇的脈湧，我確信還有第三、第四……無數座海洋平台容我攀登，容我在海洋裡縱放視野及情感，也容我在海洋經驗裡省視自我的不足。

〈序〉追海的男人

我最喜歡看的電影……，等了好多年，突然看到史蒂芬史畢博的「侏儸紀公園」，呀！就是它！我最喜歡看的台灣文學……，等了好多年，突然看到廖鴻基的「討海人」，呀！就是它！但是廖鴻基是啥米碗糕？

於是我就開始買他的書，注意他在報章上的文章，看到他得到愈來愈多的獎，聽到對他愈來愈多的讚揚，不過我還是只喜歡早期作品中的他，而不是後來他的作品，為什麼？因為我瞭解海，深切的能體會在他早期文字中，飽滿的真實，以及對海壓抑不住，才形於外的質樸感覺，稍後的文章，雖然更為炫爛華麗，但是憑心而論，有海的味道，卻離海遠了。

信不信由你，因此在數年前一個偶然的餐會中第一次碰到廖鴻基時，我沒有任何的恭維客套，講得最直接的一句話就是：「你要不要來當我的研究生，以後你的文章才會更好」，我當然沒有能力指導他的文學造詣，但是希望在事業上指引他學習堅實的海洋生物知識，建立完整的科學邏輯架構，好在日後的創作上，因為樹大根深，方能枝繁葉茂。

廖鴻基不但不以為忤，他真的跟海洋生物博物館的許多研究人員，建立了更密切的合作與交流關係，也可能因此才組織了黑潮基金會的研究團隊，爭取執行了墾丁國家公園海域的調查計劃，創下了至今可能空前，作家回過頭來作科學研究，以充實學識及知能的例子。

所以我不需要再去詳細推介這本書的與眾不同了，它當然比一般的文學作品更多了真實、知識、科學的記述，歷史的考據，地方風土的描繪，但是比諸硬梆梆的史料或田野記述，卻又多了人性的觀察，環境的關懷，文學的浪漫，以及人類和海洋及野生動物間，又神秘又直接，看似隱晦卻又一發不可收拾的感情。廖鴻基又將自己放回了「因為飽滿，所以溢出」的「生命新領域」了！

當作家開始成長，不只是以感覺或文字技巧，而是以真實、真誠和真性情為動力時，讀者們才真有福了！

本文作者方力行
國立海洋生物博物館館、
中山大學海洋資源研究所教授

卷一

過台灣尾

這頭雷雨怪獸彷彿在挑釁著我們說：

「來吧，從這裡鑽過我就饒了你們！」

南風開目

一九九九年，多羅滿號回台南造船廠檢修，終於趕在端午節前夕完工。我和老船長阿斗伯相約端午節那天從台南安平港「牽船」（討海人用語，意思是將一艘船由一個港駛回另一個港）回航。預計二十個小時航程，我們將繞台灣尾返回花蓮港。

五日節（端午）那天清早，破曉時分，阿斗伯就來敲門。跟老討海人出門就是這樣，他們習慣摸黑醒來，等著破曉，等著一天開始。

前一天睡得晚，所以，熟睡中被敲門聲喚醒，感覺心底有些恍惚。

五日節、中秋節和過年，是一年忙碌中難得與家人團聚的日子。阿斗伯也這麼認為吧，天還沒亮就來敲門。

出航前，我們在安平港港邊吃早餐，我們叫了虱目魚湯、清蒸魚腸子和一碗肉燥飯。台灣小小一個島嶼，即使翻山越嶺陸路交通都在八小時以內，隨著交通及資訊的便捷，各城市的風貌漸漸失去了特色，變得像是同個模子翻鑄出來的。儘管如此，小城市小地方、小街弄小巷底的路邊攤小吃，尤其是漁港，仍幸運的閃躲過文明的搓洗而留住了在地風味。

這虱目魚小吃，對我來說是過度油膩的早餐。但是，一想到接著即將二十個鐘頭待在海上——為了行船方便，這趟航程船上只準備了些乾糧——那麼，肉燥飯碗底的溫熱和燙嘴的魚湯，都變得是珍貴的享受。

阿斗伯六十六歲年紀，十六歲下海學作討海人，十九歲當船長……至今，海上資歷整整半個世紀。坐在路邊攤喝魚湯，阿斗伯沒講太多話，晨曦穿透魚湯蒸起的白煙，一陣陣映照在他臉上，不曉得為什麼，我感覺到他今早異常的沉默。

可能我們心底都有些負擔吧！我有十六年航行經驗，這一趟算是第三次航行經過台灣尾。當然，擁有半世紀海上生活閱歷的阿斗伯，一定有過無數次過台灣尾的經驗，我想，是經驗造成他沉重的心底負擔吧。

每次，阿斗伯準備講海上故事時，他總是習慣用這句話開始，他說：「彼當時，少年不知驚，一次又一次，過風過湧，回頭斟酌想，這條命感覺是好運過關撿回來的。」

前年夏天，我們避颱風躲進南方澳漁港。一位在地漁人可能喝了點酒，不滿意我們把船開進原本就已經過度擁擠的內港。這位漁人站在他的船頭隔船對我們咆哮。當時我心裡想，這沒什麼道理，躲颱風應急又不是長久佔用。

我發現阿斗伯極度耐心，站在船舷邊態度相當和氣的道歉、不斷地彎腰賠不是。幾番周折，船隻終於綁妥繫穩了，阿斗伯看出我不以為然的表情，他說：「少年家，無要緊的，出門在外嘛。」

生命裡的傲骨稜角，可是風浪歲月折磨掉的嗎？

聽許多老討海人講過，台灣尾是海上航行的一道關卡。前兩回船隻經過時，我看到船上老討海人口裡唸唸有詞，當下舷邊撒出許多紙錢。聽他們講，曾經不少船隻在這道關卡覆沒——過去船隻設備老舊，馬力不足——聽阿斗伯說，台灣尾這一關淹沒粉碎了不少漁船和漁人。

五日節前後，南部人稱這個季節叫「南風開目」——台灣尾海域進入「大南風期」，這時節，台灣尾盛行西南季風，而台灣東岸海域這時習常掃颳起強勁的東南風——東南和西南兩陣強盛的季風，分頭偏角由南方海上颳來。風勢夾挾的銳角，全頂在台灣尾貓鼻頭和鵝鑾鼻這兩座鼻岬上。

老討海人講到台灣尾，他們用的形容詞通常是活絡絡的，他們會說：「台灣尾啊，北風北風潑，南風南風撬。」

「潑」和「撬」都是討海人用以形容惡劣的海況，意思是說，台灣尾那個海域啊，無論颳的是南風或北風，都會造成惡劣的海況。

闖過魔幻風雨

船隻出了安平港，陣陣強盛的西南風像一群頑皮的孩子拱攀住舷側不放。船頭使勁邁浪朝南，船隻將近二十度側傾，右前舷波波撞浪，碎昂起的煙白水霧，隨風陣陣濛上右船舷。回首安平港燈塔，煙靄矇矓裡，一座昂然的陸域地標漸去漸遠。

四級浪，最大浪高約兩公尺，沿岸枯流（由北往南的大陸沿岸流）緊強，潮流與風向對衝，激盪起海面白濤掀蕩。

看到如此海況，阿斗伯眉頭鎖得更緊了。我曉得如此風浪並難不到他，他的擔心和憂愁應該是落在船頭遠方六十浬外的台灣尾——阿斗伯明瞭這樣的天候，台灣尾將可能是何等的海況——負擔和壓力全因為他豐富的海上經驗而遠埋在他的心底。

一般時，阿斗伯經常微笑很少皺眉頭。當我們衝浪航行到高雄興達港外，眼看前方黑嘛嘛一團蕈狀烏雲，從船頭海面斜撲而來。

這時，阿斗伯又皺了眉頭。

這團蕈狀烏雲體態肥厚，幾近黑色的蕈柄從海面豎起——彷彿從海面不停的吸納補充著水氣和能量——蕈柄連接著黑壓壓蠕動伸張的低空蕈傘。這團蕈狀烏雲似乎密不透氣，牠緩步挪移開張，蕈傘核心裡一陣陣雷光悶閃……緊接著，天垮下來似的，一長串慟聲雷吼，如一串炮火悶在濃濃煙靄裡爆裂。

這分明是一頭怪獸，像太空科幻電影裡的龐然巨獸，像浮飄空中一頭龐碩、烏黑、漂著簾幕樣觸鬚的大水母。

距離越來越近，牠張牙舞爪……

我漸漸能夠感覺到牠的心跳——沉悶但急急逼迫的節奏——我感覺到牠怨怒咻咻的吟吼。

我們遇上了從西南海上來的雷雨雹！

這頭雷雨怪獸是活的，牠隨著西南風盈盈海面踏步而來，看到沒？牠碾踏過的海域，雨霧掀揚、白濤漫天。

當我從駕駛艙窗戶橫臉呆楞地看住牠時，沒想到，這麼快！這麼快，牠已欺步來到船前。

這時，船隻再反應什麼動作都來不及了！

所有我們能做的，就剩下承受一途。

阿斗伯快手迴低油門桿，船速驟減——我們只能被動承受，跟本無法也無處閃躲。

牠可是一點不客氣地攫抓住船隻，那樣甩、那樣晃、那樣蹂躪、那樣糟蹋，分明在考驗我們浮在海面上的能耐。像一個頑劣的孩子使壞，暴躁地揉擠、拉扯他手上的橡皮玩具那樣。

雨點乒乒乓乓如細碎急鼓攢打在船艙上，四下昏沉，我們彷彿從黎明天光裡一下子摔落到黑幕地獄邊緣——暴雨盤轉、狂風呼嘯、閃雷就在頭頂囂鬧。

阿斗伯迴倒油門桿，船隻滯速緩動，似在殘喘……這狀況下，船隻只能失神、卑屈地任牠耍弄和擺佈。

駕駛艙裡幾乎看不到海面，隱約只感覺到一褶褶漫生白絲的高浪，觸手魔爪般陣陣攀湧上船頭……像一擊擊電流通過船身，一路震顫到船尾。

船艏反覆地上昂、下墜……上昂、下墜，似不停地向這頭雷雨怪獸叩首求饒。

阿斗伯對船隻浮在水面的能耐應是相當把握，他緊握舵輪大聲喊我四下張望，他說：「這情況不是我們撞別人就是別人撞我們。」

然而，四周能見度不超過三公尺，我懷疑警戒還有什麼意義？

儘管如此，我還是聽命茫然四顧，浪濤靄幕裡，的確存在著不曉得何時會有怪物探頭吞噬掉我們的恐懼。

足足三十分鐘艱辛忍過。

幸好鄰近沒有其他船隻。

淒慘不見天日的三十分鐘終於渡過。

牠放開我們。

船隻掀開雨簾闖出夢魘。沒想到，一離開雷雨黑獄，五日節的豔陽即刻對我們燦然嫣笑。這期間，船隻被帶向岸緣，我們距離高雄海灘不到兩百公尺。不敢想像，若是雷雨怪獸多耽擱玩弄我們三十分鐘的話……

船隻擺脫了糾纏繼續頂風邁浪南行。船過高雄港，右前舷艙窗上可以浮現一塊扁平像餅干樣的島嶼。阿斗伯說：「小琉球」。

回首船隻正前，啊！才稍稍分心貪看餅干樣的島嶼，不曉得什麼時候，海面又擁聚生成一團規模大過先前的雷雨雹。

狀況不妙，這頭雷雨怪獸霸氣十足，牠一腳踩踏小琉球，另一腳跨海踏住屏東海岸。牠等在那裡，惡形惡狀張露著牠的胯下，好像在對我們說：「來吧，從這裡鑽過就饒了你們！」

回頭，看到先前那頭雷雨怪獸已威猛地撲向陸地，高雄以北的岸緣全陷落在魔幻風雨裡。船隻左方，間隔在兩團雷雨怪獸勢力範圍外的林園地區，晴空依然煥照，我抬眼看到了岸上四處林立煙塵濛濛的鐵塔煙囪。

那高拔的石化廠鐵塔喘吐著橘色火燄，一陣吐過、一陣飄搖，工廠建築全陷溺在煙塵滾滾裡。船上只隱約看得到天光描摹出的建築物輪廓，這工業區分明也是一頭怪獸——一頭白煙氣氣憤怒、噴火舞爪的怪獸。

三頭怪獸各據一方，阻擋了我們的前進和退路，我們陷身在獸與獸對峙的短暫平和與晴朗中。

阿斗伯停下船隻，猶豫不知如何是好？

這時，安平港造船廠的朋友電話打來船上：「岸上狂風暴雨，擔心你們是否平安？」海面一陣躊躇，我們發現前方的那頭雷雨怪獸動了。牠一腳從小琉球抽拔離開，跨過海峽，往林園那鐵塔火炬撲了過去。看起來，岸上那噴火怪獸更挑逗牠的好戰性。海峽上空挪出清朗的空隙，阿斗伯趁隙催促了油門，我們的確太渺小、太軟弱，這一場對峙，我們只合適逃避與觀戰。

匆匆回頭看時，啊！那真是一場混亂——第二頭雷雨怪獸從雲端覆垂下鉛重的雨簾，英勇地撲向那噴火高塔。戰鬥初時，猶可見到火光在雨霧裡顫閃，一記記雷閃白光從半空轟隆劈下，「曠隆——盪盪——」連戰連響，高塔橘紅火燄頓時失色萎縮。

船隻趁隙衝過東港，小琉球漸漸被拋在右舷後，我們終得漸漸擺脫掉岸上的煙塵和海上風雨。

從這裡起，台灣漸漸消瘦下去，巨鯨的尾鰭等在前方，船隻調整航向，朝南南東切向台灣尾。

從海上遙望台灣西岸的繁華

船上水深儀打出陡降的海床，海面水色漸重，山脈挪近岸緣漸漸青綠……陸地上沒看到多少建築……這時，阿斗伯終於喘了口氣。台灣西岸的繁華熱鬧及滾滾紅塵，終於在這裡收束止住了。

台灣海峽平均不到一百公尺深的大陸棚也在這裡結束了她的迤邐，原本青綠色為主調的海峽沿岸流，在船隻輾碾過海面幾道色澤分明的潮水交界線後，水色漸呈墨藍了起來。

船過車城，遠遠看到施工中的海洋生物博物館——蒼翠山脈下，我看到了那淺藍色海浪般的弧線屋頂。想起昨天還在那裡探望一隻在花蓮七星潭海灣擱淺獲救的花紋海豚。今天，我將繞台灣尾航行回去花蓮，海、岸相隔一段距離外，心情變得錯綜複雜起來，想念及擔憂那隻還躺在救護池子裡的小花紋海豚。

船頭慌張振飛起兩隻飛魚，我聞到了黑潮的味道，那是熟稔的家鄉氣味，那是台灣東部海域特有的味道。雖然海洋連接著東西海域如同一鍋水，幾年海上生活，讓我已具備經驗能夠清楚辨識臺灣東西海域，如此氣質不同的兩種海洋生命和氣味。

儘管家鄉仍然遙遠，但台灣尾這片海域已經向我透露——我們是在回家路上。

這裡海域深邃，船隻保持離岸約兩百公尺航行。天空雖然晴朗，西南風持續不停，枯流依然暢旺。貓鼻頭遙遙在望，阿斗伯眉頭仍然深鎖不開。

海潮是一把刀

浪濤永不懈怠地雕琢突露海域的陸地，鼻岬於是形成。鼻岬形貌通常蒼勁、風霜、孤傲，那是海陸衝突、歲月衝撞的傲骨遺跡。

「我用恆古的勁力在雕鏤他們！」舷邊噪颸的風聲、水聲，彷彿不停地這麼吟唱著。

「枯流那會透這款！」這時，阿斗伯說。

雖然逆風，但一路順流下來，我們比預期提早了將近一個小時航抵台灣尾。

當我揉揉眼，看到了貓鼻頭鼻岬往西南拖長了如城牆樣的白浪狂濤，我立刻了解到，阿斗伯一路皺著眉頭的道理。

「不得了！」我心頭這麼嘆喊著。一時也說不上究竟是讚嘆？或是害怕！

「怎麼過？」這個現實問題已經迫在眉睫。

我們一路被動承受，難道回轉到東部海域這最後一關，一樣得聽天由命？

聽說，在這裡船隻若沒把握過得去，就得停在海面上等候——一天兩個潮汐輪轉，等到「翻流」（潮汐變換）間隙，這鼻岬下的風浪會暫時平靜一下——等到這樣的間隙才加速闖關通過。

阿斗伯將船隻停下來，眉頭緊湊，仔細觀看了那浪牆好一陣子。

阿斗伯離開駕駛座椅，胸中似乎有了定奪，凶凶站立起來，他說：「走！」

阿斗伯語氣慷慨堅定，像是要從容赴義般，船艏直指貓鼻頭衝去。

船隻離岸一百公尺……八十、五十……船隻還在前衝近岸……三十、二十……貓鼻頭西側海岸珊瑚礁的凹凸孔隙彷彿伸手可以觸及……

十公尺！我想，這是船與岸最終的協議了。

「不能再退讓了……」我彷彿聽到了台灣尾沿岸的珊瑚礁岩這麼說。對我們而言，這樣的海況，那得相當的膽識才敢如此近岸掌舵。

船隻一頭闖進貓鼻頭輻射狀伸展出去的白濤裡，我第一個感覺是——糟糕！被抓住了——

那是纏黏的「三角湧」（浪峰高突呈不規則三角型的湧浪），海面大坑大洞，幾乎找不到一處稍平的小方塊容得下平擺一根三尺長的木板，何況是船隻。

船身彷彿斜擱浪頭……轉眼又被埋入浪谷……浪濤洶洶劈剖甲板……「啪啦啦——」一聲聲巨響！

船頭將近四十五度角仰探朝天，船身幾乎騰空……搖晃、摔打……感覺到船身彷彿已經扭曲變形，被浪峰攫抓住甩向岸緣。

那豈止一句「藝高人膽大」足以來形容掌舵的阿斗伯——舵輪被他轉得哄哄噪響，油門桿前衝、拉回、再前衝、再拉回……船艏迎浪的每一個角度和速度都得細細調理——該停的時候不能衝，該衝的時，沒有片刻允許猶豫。

船隻終於闖過貓鼻頭這一關，十五分鐘而已，才短短十五分鐘卻已恍若隔世。

阿斗伯沒有放鬆眉頭，他說：「這裡，就是得這麼貼岸，船隻閃縫才得以通過。」

船隻衝過貓頭鼻狂浪區，進入台灣尾貓頭鼻與鵝鑾鼻兩座鼻岬包圍內凹的海灣——南灣。

阿斗伯將船隻和緩駛入灣底，我彎腰撿拾駕駛艙裡方才闖關時震落滿地的櫥櫃抽屜。聽著船聲穩健沉著，像是在休息喘氣。

灣底是著名的墾丁國家公園海域遊憩區，岸上花采繽紛的建築浮在舷邊，即使一段距離相隔，也能感覺到這裡休閒、熱鬧的氣氛。我心裡想，台灣尾真是個能量充沛的所在。

船頭漸漸沿鵝鑾鼻岬向東南航行，鵝鑾鼻白色燈塔昂昂鼻岬上挺立。

「還要一關，還要再闖一關！」阿斗伯再次從駕駛座椅上站立起來。

看起來，鵝鑾鼻尾拖向東南海域的綿長白浪，一點不輸給西側的貓頭鼻。

我們暫停在海面上，不是猶豫，我們是停著等候另一艘大約五十噸級的近海漁船先行闖關。他們一樣切近岸緣航行，離岸大約十公尺距離。看他們闖關，那真是應驗了一句諺語——「自己走不知驚」——看到比我們整整大一倍多的船隻，在鵝鑾鼻尾的狂浪區裡，竟是如此渺小、如此軟弱無力的整艘船被巨浪高高舉起、旋即又被浪濤覆蓋大力摜摔下沉……海面失去了船隻的蹤影……

一下子後又浮衝上來！

船艏斜指半空，撲攏著兩翼白濤水霧，是這麼憋不住氣，恍如一頭小鯨從海底衝撲到水面上來。

眼看著好好的一艘船被風浪這麼揉、這麼擠，這樣沒尊嚴的糟蹋，我的心情一下子變得沮喪萬分。回家的意念和闖關的信心倏地如花朵枯萎、消癟。

我不安地轉頭看向阿斗伯，是請求的眼神吧，我想告訴阿斗伯，是否？是否我們就停在這裡等候，等候翻流浪濤轉小後再過去比較妥當？

阿斗伯目光炯炯直視船前，他全身筋肉緊繃，兩條腿大八字張開撐穩，完全不理會我猶疑的眼神——那已經是滿弓衝刺的備戰姿態——看阿斗伯這款模樣，我從心底吐露卻含在嘴裡的膽怯，終於咕嚕一聲又苦苦吞了回去。

海上航行，我得全然尊重老討海人的經驗、信任老討海人的判斷，我曉得太多意見反而會錯亂打岔了那股蓄積的堅心決志。面臨鵝鑾鼻尾這道關卡，相信阿斗伯自有他的信心和打算。

沒有第二條路可行，想回家，想在五日節這天回到家，只有往前衝！

衝進去了！

那巨鯨尾鰭的動能著實讓我害怕，在劇烈的甩晃中，我想到人世的崎嶇，想到多少不得解脫的人生困境，想到一路走來相互依持、背叛的冷暖、想到人性的無常、想到是是非非波折歷歷的人生……想到花蓮高聳的山脈，想到山澗急切的溪流，想到故鄉夏日的蟬鳴……

櫥櫃抽屜再次飛震出來，駕駛台上的菸灰缸、飲料、手冊，大大小小的物件全給震落在甲板上，駕駛艙地上一片狼藉。甲板上所有的物件都被劇烈的搖晃賦予了生命，浩浩蕩蕩，它們在駕駛艙甲板上這麼衝過來、那麼滾過去……

阿斗伯高喊：「快！雨刷打開！快！」

儘管沒有下雨，我驚覺到浪濤不間斷的披覆船身。阿斗伯一手掄舵、一手推拉油門桿，這處境讓他沒有須臾空檔來扳動雨刷開關。

一般航行難以見到的船隻仰斜角度，我終於見識到了，船隻引擎聲時繃時弛，那一聲下摔根本來不及驚叫，心頭的浪濤一直懸空晃蕩……我終於見識到了船身在波濤駭浪裡頓然萎縮成花蕊核心，而那巨大激昂的浪濤花瓣，從船舷四周高高綻放挺舉……

我感覺到，這裡不能只稱作是一道關卡而已，這裡簡直是陰陽一道界面。台灣東西兩岸的落差，全焦聚放大在這道界面上縱放及尋求平衡。

我們是晃晃盪盪搖搖欲墜戰戰兢兢地行走在這道陰陽稜線上，我終於見識到了台灣尾的尾勁！

船艄轉北，我們闖過巨鯨尾鰭，終於回到尾柄部的台灣尾東側。

山脈立即蒼鬱高聳，幽幽太平洋大片海藍，我彷彿聽見了蟬鳴悠揚……這裡，已經是家鄉海域的氣味……那味道與我洶湧的心情，在這時竟然如此契合。

阿斗伯神色一鬆，露出他平日的微笑。

過了關，他第一句話便是：「彼當時，少年不知驚……」阿斗伯開始滔滔不絕地講述他過去的海上故事——二十歲當船長第二年，我從台灣東北外海的無人島捕魚返航，無預期遇上颱風，哇！看狀況不對，甲板上留我一個及機艙裡留一個輪機，叫所有海腳們進船艙裡躲，取一截繩纜綁自己在舵柄上，這樣撐、這樣撐……堅心決志不曉得幾暝幾日才看到台灣島……

阿斗伯笑臉盈盈，一路為我介紹——龍坑外那顆岩礁叫雨傘島，破雨傘（雨傘旗魚）來的季節，十五月光暝，那顆雨傘島四周，看得到成群雨傘旗魚那裡舉旗（背鰭舉出水面）……

一頭偽虎鯨船頭出現，頑皮張望了兩下又下潛消失了。

阿斗伯笑得更燦爛了，他說，破雨傘鯃（偽虎鯨）一出現，表示破雨傘就要來了。台灣尾的討海人和破雨傘鯃是好朋友，破雨傘鯃會把整群破雨傘驅趕做一堆，破雨傘受到驚嚇紛紛浮在水面不敢妄動，讓討海人抓起破雨傘來真正快活……

再過去出風鼻外有一顆叫「海翁島」的。不是，不是那裡出產海翁，看到沒？看過去像不像一頭海翁浮在水面……

阿斗伯說……

過了台灣尾，阿斗伯有說不完的海上故事。

綠島燈塔的閃光

東岸海域我們熟悉，船行順暢。

阿斗伯兩個和他學討海的兒子，一路不停地打電話來船上問，我聽到阿斗伯在電話裡說：「過了，過了，兩關都過了……沒什麼，干吶作風颱咧……沒什麼，整艘船抓起來摔而已……」

過了台東大武，算是離開了台灣尾，海岸線稍稍東北向偏出，台灣島嶼從這裡往北變寬增厚。

天色漸黑，近台東市，右舷側看到了綠島燈塔閃出的光束。

突然想喝酒

過了秀姑巒溪口，船隻進入花蓮海域。

這時，突然很想喝酒。

想慶祝什麼嗎？

打電話給住在海岸山脈海階山腰上的一位朋友，這時候，想起在他家喝過的純釀米酒。

電話中知道了我們過台灣尾航行經過他家海域，他特地開亮了庭院前的一盞燈，表示歡迎我們回來。

雖然海陸相隔，只能以燈火來確認彼此的位置，但是這一刻，特別感覺到家鄉的溫暖。

午夜時分，回到花蓮港，趕上了在五日節最後一刻見到了家人。

花蓮港靜悄悄的，好像才下過一陣雨。

卷二

大魚來過

翻攪的巨碩軀體，
垂死前從鼻孔、從傷口噴濺出怵目的殷紅血霧……

當我翻閱台灣尾的海洋史……無論是老天的恩賜、或是我們的福澤……到如今，這一切都已成為我們的感嘆與哀愁。

資料顯示，台灣尾墾丁鄰近海域，曾經有好幾個大翅鯨（座頭鯨）家族選擇這個海域是牠們秋冬季節的休息場及繁殖場。

看見大翅鯨

去年十二月曾經到夏威夷茂伊島旅遊。到了島上的第二天，當我沿著海岸散步，我發現這個島上四處瀰漫著一股氣氛——像是在等待什麼年度慶典到來的氣氛——愉悅但是安靜的。許多次，我聽到人們佇足海岸，他們談論類似這樣的話題——「應該就要回來了，應該就這幾天……」

我看到不少人用望遠鏡在海面搜探，這也許沒什麼奇怪，可能是在看海鳥、看海景。但是，漸漸圍了幾個人，他們指著海面說：「那裡！那裡！剛剛好像看到有什麼匆匆劃過水面。」

街上更是了，幾乎沒有一家店沒有大翅鯨的圖樣。藝品店不說，超市、服飾店、餐廳……就連路邊一位擺攤的玻里尼西亞原住民雕刻者，他手上也正雕刻著大翅鯨著名扇狀的尾鰭。

不止如此，人行道兩邊的雨水下水道入口，每個人孔蓋旁都噴漆寫著——「關心大翅鯨的朋友，請別讓污水從這裡流入海洋。」

每年來到這裡海域休息及繁殖的大翅鯨家族們，多麼幸運，牠們已經登陸成為夏威夷人的生活文化及觀光客的觀光文化之一——每年這時節，夏威夷島的人們等候著、期待著，準備迎接大翅鯨家族們回來他們的海域，像是歡心準備著迎接遠遊歸來的家人一般。氣氛是熱絡的、溫馨的。

這個大翅鯨家族，每年吸引不計其數來自世界各地的觀光客來到夏威夷，這個大翅鯨家族已經成為夏威夷重要的觀光資源之一。

搭乘夏威夷太平洋基金會的賞鯨船出航，果然看見了剛從高緯度寒帶海域長途遷徙回來的一對大翅鯨母子。雖然我在台灣海域有過十六年的航行經驗，但這是第一次在海上看見活生生的大翅鯨。

基金會的隨船解說員為我們介紹大翅鯨的生態史——牠們屬於鯨目下的鬚鯨亞目，最大身長十五公尺，體重可達三十公噸，外形最大特徵是那一對碩長的白色胸鰭。當牠們來到繁殖場，雄鯨們會開始展開一連串的求偶行為，包括相互打鬥、翻跳水面及唱歌。牠們的歌聲尤其著名，經常可以連續唱二十幾個小時不止。牠們經常沿岸活動，是比較被人類了解及受歡迎的巨鯨之一。

悼台灣捕鯨

執行墾丁海域鯨類調查計畫之前，曾經閱讀了些台灣尾海域的海洋環境歷史資料……無限感慨！

台灣是曾經有機會像夏威夷一樣——每年秋冬季節，我們可以在墾丁海濱殷切的守候——等著迎接屬於我們海域的大翅鯨家族回來台灣尾，回來和我們一起過聖誕節、一起過年。想像一下，那是多麼溫馨熱鬧的場景和畫面，一年一度，我們都來到墾丁海濱，我們將熱絡的期待、等候及觀察從遠方回來屬於這座島嶼、屬於我們的海上朋友回來我們的海域。

台灣海域最近是曾經有過零星幾筆大翅鯨的海上目擊記錄。專家判斷應該是遷徙至菲律賓北方島嶼的大翅鯨家族們，季節性洄游時經過台灣東部海域。

至此，我們也許都想問一個問題——「那屬於我們海域的大翅鯨家族們都哪裡去了？」

《恆春鎮志》的卷四、第三篇、第六章，提到過我們曾經的大翅鯨家族。這一章的名稱叫「捕鯨」，是放在經濟志的漁業篇裡。

無論是恩賜、是福澤、或世俗的將牠們看作是資源或財富，從《恆春鎮志》裡的記載，我們看到，自一九一三至一九六七年的五十四年間，我們是竭盡所能耗盡了這項資源和財富，我們是不留餘地的耗盡了老天的恩賜及福澤。

這五十四年間，日據殖民時期佔了三十二年，光復後佔了二十二年。

這裡無意指責過去捕鯨事業的是非對錯，那個年代，鯨類還普遍被當作是漁獲物來看待。我感慨和懷疑的是，對於自然資源的採捕，我們為何老是以趕盡殺絕來做最終的收束。

鎮志裡我覺得比較震撼的幾筆資料是，捕鯨範圍、捕鯨期以及大翅鯨的捕獲數量。

鎮志裡記錄著——「台灣尾恆春半島西側從車城往南，經墾丁貓鼻頭一泓弧灣繞鵝鑾鼻到台灣東側北上到滿州，沿岸七、八浬海域內，後來，擴大至離岸二十浬海域內，是主要的捕鯨範圍。」

這範圍涵蓋台灣尾所有的海域，這筆歷史資料告訴我們，大翅鯨家族曾經在我們台灣尾海域的生活範圍。

這個距離，沒問題，我們是曾經有機會可以站在墾丁岸緣，裸眼或透過望遠鏡看到牠們。鎮志裡也記錄著——「捕鯨期從十二月底到隔年四月，最主要的獵捕期是在新曆年與舊曆年中間。」

這是我們的大翅鯨家族曾經留在我們海域裡休息、歌唱及求偶的季節。鎮志裡又記錄著——「捕獲數量自一九二〇至一九六七年間共捕殺七百六十五頭（資料不全，可能尚有遺漏的部份）。」

這是所有、所有曾經選擇台灣尾海域當作牠們休息場、繁殖場的大翅鯨家族們的遺跡。事實證明，牠們的選擇或牠們的運氣都不是太好。

這些大翅鯨家族的遭遇，容許我用布袋戲裡形容戰況慘烈的戲詞來形容——「亡者亡，逃者逃」——或者，也可以用暴力血腥電影黑道殺手的習常用語來形容——「趕盡殺絕」。沒有誇張！這是台灣大翅鯨家族們的下場。

「曾經」已然過去，我們到底還能怎麼憑弔或是想像？倘若當時的獵殺不要那麼慘烈……倘若當年我們手下留情……倘若當時我們懂得珍惜這大海的資產，這台灣尾海陸締結的因緣而留存幾隻牠們家族的後裔……也許，也許我們和這些劫後餘生的大翅鯨們，還有機會扭轉悲慘的過去，還有機會轉而共同譜寫我們往後比較愉悅的海洋歷史。

墾丁海域鯨類調查計畫期中報告時，墾丁國家公園李處長問我：「出海後是否對這個海域的大型鯨出沒狀況感到失望？」

我回答：「是！」

我們的調查範圍涵蓋這些大翅鯨家族們的主要活動範圍，當然，也正是這個家族們被屠殺殆盡的場所。計畫期間，我們沒看到任何一頭大翅鯨在這個海域出現。

每當我想到這段歷史，回頭看著船下幽藍的海水，我總會想像牠們中了鯨炮後痛苦掙扎的慘況——牠們在浪頭無奈翻騰的巨碩身軀、牠們垂死前從鼻孔、從傷口噴濺的殷紅血霧……

一則獵鯨記實

恆春鎮志裡有一段記述獵鯨的過程，節錄如下：

「發現鯨蹤後，駕駛員將捕鯨船航向發現鯨蹤的方位，並全速追逐之。可能得經過數小時的追逐……當鯨已力乏，潛航時間明顯變短，換氣頻率增多，浮出水面的時間變長，較容易獲得射擊良機。」

「捕鯨炮有效射程約一〇〇公尺，炮手慣於四〇至六〇公尺範圍內射擊……捕鯨船並非由正後方接近鯨，而是從側後方接近，其用意在於增加目標面積。瞄準點在背鰭與頭部之間，以期銛頭貫入心肺要害。」

「鯨被射中後，會以最大速度企圖脫逃，往往將銛索拖出數百公尺，甚至拖動船隻。此時船隻宜以半車速度前進，用船隻及繩索在水中所生之阻力消耗鯨的體力，俟其游勢減緩，再將銛繩以絞車收回，最後，再補上一炮終結鯨的生命。」

老漁民的親身經歷

以下兩段是後壁湖一位六十多歲老漁民，描述他和這群大翅鯨家族接觸的兩次經驗——

「有一次我們漁船回航，將近鵝鑾鼻外，我們看到海面上一囊什麼？像座小山浮著。駛近一看，竟然是一尾死掉的「正海尪」（大翅鯨）。血水還汩汩流著染紅了大片海水，應該還很新鮮。於是我們用了大索（纜繩），忙了一陣，將這頭死去的海尪繫綁住拖在船尾。心裡正高興哪有這種事可能，海上撿到一尾大海尪……船尾拖了約莫一個多小時，就被那艘「海尪船」（捕鯨船）給追上了。「海尪船」船員探頭說這尾海尪是他們的，說是他們打完了這隻再去追獵其牠隻，所以暫時放置在海上……還說多謝我們幫他們拖回來……果然他們船邊還吊著另一隻，一模一樣的另一隻，翅仔白白長長那種……」

「年輕時和我兩位弟弟及三位船員同艘船抓魚，那天就在七星石（七星岩）邊遇見兩尾『正海尪』，一尾大，一尾小，因為我們船小，所以選小的下鏢。乖乖吶，一鏢就中了，四分索（粗纜）被拖得走干吶飛，大浮筒（大浮球）已經丟下去三顆，三顆竟然都被拉進去水底。船隻往出繩的方向奔走，我和兩位弟弟在船艏甲板看顧不斷被拉出的繩纜。」

「突然，船身一響震盪，是撞到了什麼，當時我探頭往船下看……哇！不看不知道怕……黑綾綾將近船身寬、兩倍船身長，是母海尪不甘心牠的寶寶被我們鏢殺，衝過來船下抵住船身。」

「牠迴過身又潛下船底，沒幾秒鐘又來了……這可一點不像是浪舉，一般一波浪舉過，船身就會順浪下滑……這一次不同，船艏被拱抬漸漸昇高，船頭整個被舉起來，被舉出水面，母海尪打橫把我們半艘船扛在牠的背上……牠再出點力的話，船隻就要被牠扛翻了……」

「這時，我那兩個弟弟嚇得蹲伏在甲板上，口裡抖顫顫喊著：『砍斷繩仔，不要了……趕緊……砍斷繩仔！』」

「想想也是，若有人這樣鏢殺我的孩子，我也會抓狂和他拼了。」

何日鯨再來？

那天收音機裡播出鄧麗君唱的「何日君再來」這首老歌。聽著、聽著，覺得有些哀傷。

我請教了鯨類專家這個問題：「有沒有可能，另外的大翅鯨家族再度選擇台灣尾海域當牠們家族的休息場和繁殖場？」

專家回答說：「是有可能，不過……」這「不過」一聲拖了數十秒鐘不止，專家繼續說：「如果，如果能夠改善台灣尾海域的海洋環境——海水夠乾淨而且不再那麼吵鬧——如果在菲律賓北邊島嶼繁殖的大翅鯨家族們，若牠們家族繁衍到數量足夠時，我的意思是，牠們既有的繁殖場顯得擁擠的話，有可能，有可能牠們會分家——分出小家族去尋找理想的新繁殖場——台灣尾因為鄰近，所以，有可能再度被大翅鯨們選上……不過……」

「不過……」

我明白了，我們是還有機會，不過機會渺茫——專家說的兩個如果都有現實的困難和實現的漫長過程，並且，都不會是數十年短時間內可能發生的事。

這麼說好了，應該我們這輩子是無緣站在墾丁岸緣迎接屬於台灣尾的大翅鯨回來，我們這輩子將無緣在台灣尾海濱聽見大翅鯨的歌聲，我們這輩子將無緣看見牠們在台灣尾海域求偶激昂起的壯觀水花……

我們這一代是無緣來彌補這一段，曾經發生在台灣尾海域悽愴的海洋史。

卷三

重建鯨豚生態

沒有魚，沒有水鳥，
這樣的「壞區塊」，
我們戲稱為「死海」。

計畫設定

墾丁海域曾經是著名的捕鯨基地，過去這裡的鯨類資料大體上來自捕鯨記錄、擱淺記錄及漁民訪談等資料。這些資料又以捕鯨記錄中的大型鯨為主。

我們曉得，本計畫的執行將透過規劃好了的海上巡航，以海上目擊記錄來補充本海域過去鯨類資料之不足。由其是中、小型鯨類在本海域的出沒狀況。

鯨類動物是海洋生態系裡的高階消費者，透過鯨類資料的建構，或許我們能據以察覺本海域生態與環境現況。若將現況資料比對本海域的歷史生態資料，我們也或許能夠比對出人類活動對本海域的影響。

我們是一個海島國家、海洋國家，周遭海域將是我們長足發展的前庭。所以，海域資料的收集將會是我們認識自己、定位自己的基礎。本計畫的執行也許只是我們認識海洋的一小步，換個角度來看，卻也是我們踏出海岸線深入海洋的一大步。

海域區塊規劃

航海的意象原本是自由自在的。

可是，當航行是為了執行生態調查計畫，當航行不得不增添了一定的計畫步驟與目標期許，這樣的航行條件，感覺上是增加了諸多限制，而不是全然無拘無束的。

墾丁海域可說是台灣沿海最複雜的海域環境之一——恆春半島偏狹突露，海床凹凸錯綜，三股洋流（黑潮、大陸沿岸流及西南季風吹送流）在這個海域交錯輪替。直接了當的說，這個海域並不單純。

執行「墾丁國家公園鄰近海域鯨豚類生物調查研究計畫」之初，我們閱讀了些資料，並做了體驗這個海域的心裡準備。剛開始的兩個調查航次，我們將之設定為對這個海域環境及工作船性能探索的試航。為了更有效率，為了更能夠以科學的方法來分析及比對收集到的資料，試航過後，我們經過討論及評估，決定重新規劃及調整調查區塊。

以工作船繫泊點後壁湖港為中心點，輻射延伸二十五浬半徑，我們將整個調查範圍分割為——東北、東南、南、西南、西及西北六個扇形區塊。每個區塊大約面積相等，工作船將在每個區塊做同等海況（三級浪以下）、同等時間的有效調查。

好了，原本闊攏攏自由自在任我行的海域，經過了我們在海圖上這麼幾條線、幾個區塊切割後，的確，這海域感覺上像是加了框設了柵欄樣的嚴謹和拘束了起來。

當然，我們並沒有真正在海域裡拉起什麼框欄，這框欄事實上僅存在於我們心底的海圖上。但是，每個航程我們得藉著衛星定位儀以及羅盤，隨時清楚認知自己在茫茫大海上的定點——我們得精準控制讓每個調查航次落在規劃好了的範圍區塊內。

這個研究計畫的主持人John，我們常戲稱叫他「超級博士」，他滿腦子就是科學、科學、科學，而且，相當排斥科學以外的任何可能及想像。當然，對研究計畫來說，是恰當而且專業的。但是對不同目的參與計畫的工作人員來說，科學不僅是設限的而且也是專制的，他說：「沒辦法，科學研究就是這樣。」

甚至，為了排除每月每天的朔望潮汐機率差別，六個區塊一輪的先後順序，我們是以抽籤來決定的。也就是說，我們不能自主選擇今天要跑哪個區塊，好像是天意注定了的一樣，這一天，我們將由老天安排好被關瑣在其中一個區塊柵欄裡做作研究及調查。

好嚴苛的自我設限。

儘管如此，一個二十五浬縱軸的扇形區塊，足夠一艘航速並不快的工作船在裡頭徜徉整日不會重複我們的航跡。幸好海洋夠寬、夠廣，這區塊雖然設有無形柵欄，其實並不妨礙我們在區塊裡伸手伸腳。

工作船與老船長

這個研究計畫租用台東成功港的「滿隆號」木殼鏢魚船當工作船。四月十二日，大約十二個小時航程，十二噸的「滿隆號」漁船於晚上十點多從成功港駛抵墾丁後壁湖港。計畫期間「滿隆號」將繫泊在後壁湖港成為這個計畫的工作船。

我們買了些涼水趕到後壁湖港，迎接計畫伙伴的到來。

咦！工作船上竟然是兩位船長——船主是六十歲的陳各忍船長，陳船長介紹另一位過去沒見過面，六十三歲的董金生船長。因為董船長是屏東車城出生，對這裡的海域環境及海況較為熟悉，所以，陳船長額外聘請董船長一起參與這個計畫。

兩位船長都是十幾歲跑船討海至今，以海為家四處東征西討，甚至世界各大洋他們也曾經遠洋漁船上跑過。我們運氣不錯，這個計畫意外的有兩位海上經驗豐富的老船長來掌舵及掌理船務。

「滿隆號」甲板上我們分別和老船長握了手，兩位老船長都笑盈盈說：「有緣才會這裡相會。」

這句話聽起來頗有感覺，是執行這個計畫的因緣，是海洋牽的線，包括滿隆號這艘船，我們各自四方南北有緣來到這台灣尾海域相聚相處，同船共渡。

時間晚了，又長途航程勞累，我們請兩位老船長上岸到小灣的海洋工作站洗個熱水澡、休息睡覺。沒想到他們回答說：「啊，習慣了，以船為家哪個港口沒住過，不用煩惱喂。」

兩位老船長加起來一百二十幾歲，一般來說，應該已經是到了退休養老的年紀。看他們經過了十二個小時的航程後依然神采奕奕，為了這個計畫他們打算住在船上好幾個月。一輩子四海為家的海洋歷練，從他們充滿自信的言談及對生活條件的隨和態度中流露無遺。

「滿隆號」也是艘看起來歷經風浪的老漁船，七十五匹馬力，平均航速大約五到七節。以外表及船上裝備來看，這並不是一艘新穎時髦光鮮亮麗的工作船。但以這艘工作船及參與計畫的工作人員加起來的歷練來說，肯定這會是個耐操、耐磨的組合。

衝突與矛盾

儘管如此，比較「搞操煩」的我，還是會為這樣因緣際會的人事組合擔心。

這個研究計畫的主持人John，他是生物學博士，嚴格的科學訓練，看得出來，他對待這個計畫的態度可以用「一絲不苟」來形容。

我的興趣在寫作，這個計畫我是抱持著拓展生命視野、擴展海洋經驗的態度來參與。

兩位老船長一輩子漁撈，他們都曾經獵殺過海豚甚至大型鯨。

看起來，我們是各自有不同的角度及觀點來看待及執行這個計畫。

本質上這是個基於保育觀點的科學研究計畫，與討海人之間，尤其是與老討海人的漁撈觀點，甚至於與我的體驗生活及創作觀點來說，事實上，是存在著不小的衝突與矛盾。

執行這個計畫的漫長過程裡，我們得生活在一起、工作在一起，也就是「同舟共濟」的密切關係。

分開來看，這是個奇怪的組合——我們各自有各自的需求和主張——合起來看，我們是各有專長，我們將各自奉獻專長來執行這個計畫。

我曉得這個計畫過程中，難免多少會有些磨擦，會有些行事作為或不同意見而產生的不愉快。過去的團隊經驗得到的教訓不少，我們之中是得有一個人扮演橋樑的角色。

這個人得瞭解討海人的性格，得相當程度瞭解計畫該有的堅持，還有，這個人得具備體會過人性無常的資歷。

猜猜看，誰來扮演這個角色最恰當？

死海

好了，六個區塊各經過了兩輪的調查航次之後，海圖上我們標示出的鯨類目擊記錄開始說話了——這是一個海豚出沒頻繁的「好」區塊……而這個呢，是一個標準的「壞」區塊。

看！整日將近十個小時埋頭在區塊裡穿梭，海水終日蒼蒼茫茫，搜索海面的眼睛都給看紅了，兩腿都站瘦了，炎陽曬得人都倦乏了，海豚可一點也不捧場，不給人看就是不給人看。

那可真是難堪與難過的航程。

看不到目標物不打緊，每個航次，船長習慣於航行時放下在船尾拖釣的假餌，竟然也蕩蕩空拖了一整天，沒半條魚願意來吃餌上鉤。中午泊停在海面煮中餐時，船長會半抱怨、半消遣地說：「啊！沒魚、沒菜怎麼煮。」

不止如此，有時連海面上最尋常可見的海鳥都消失了蹤影。

水面上、水面下，彷彿所有的生命現象都同時消失在不可見的黑洞裡一樣。

難怪，難怪我們異口同聲不僅稱這些個區塊「壞區塊」，還戲稱它叫作「死海」。

問題是，死海歸死海，科學就是得這麼不講究情趣，抽籤輪到這個區塊的調查航次時，即使心底百般的不願意，我們還是得耗用與其它區塊相同的時間，在這個不被我們喜歡的區塊裡航行、收集資料，來比較、來證明這些區塊的確是沒有生命跡象的死海。

後來，當計畫結束時，我們回頭來檢視這些個死海區塊的調查記錄——死海並未真正死去，只是與其它區塊比較起來，少得可憐的幾筆生態資料告訴我們，死海可能正在逐漸死去。

工作船上，超級博士私定了些讓伙伴們認真搜索海域的規矩，譬如說，誰打瞌睡被抓到，下船後他就得請大家吃冰。在漫長的調查航程裡，經常身體曬得熱烘烘的，午後，當海面和緩的颳起一陣海風，海風適時吹散了燥熱，這時，瞌睡蟲也會緊跟著隨風而來。

那真是難以抗拒的窘態。

請大家吃冰事小，可是，那也攸關面子問題。

有時候，我在前一晚欲罷不能貪心的多寫了點，耽擱了正常的睡眠時間，若這一天的航次，老天不長眼像是要刻意要為難我，抽籤排定了死海的調查航程，那……那……這一天的海上工作，將真有苦頭受的。

尤其船上吃過中餐，海風一吹，眼皮像掛了鉛塊一樣直直垂落。

忍著，忍著，強強忍著……捏大腿股、捏眼皮……心裡想，事到如今只有海豚能夠救我……

若在別個區塊，海豚群往往會像救兵一樣在這緊要關頭出現了。

從發現海豚後的興奮叫喊，趨近後的種類辨識，拍照、記錄、觀察……茫茫大海裡似乎唯有這種大發現、大動作能振奮心情，才能免於繼續往下沉淪在瞌睡蟲的陷阱裡。

老天！這狀況下，這航次不幸又身陷在死海當中——失去了被海豚拯救的機會——那番堅忍抵抗瞌睡蟲的奮鬥過程，真是難以一言道盡。時間的腳步將會像盛夏海上偶然吹起的微風，漫漫長長得十分折磨人。

後來，每個航次開航前兩位老船長都會問：「啊，今天的 Course 在哪裡？」

若老天的答案是這些個死海區塊。

「啊，死海！」

連船長都曉得，今天不好玩！

若是前一晚已經抽籤知道了隔天的航程是死海區塊，我們會開玩笑故作鎮定假裝不曉得隔天的行程，認真嚴肅的說：「明天我有事，我看，你們去好了……」

「少來……」

南灣

南灣是核三場旁的一處沙灘海濱地名。這裡所指的南灣則泛指貓鼻頭與鵝鑾鼻夾挾抱住的這一泓海灣。

由於，南灣已經成為是台灣島內著名的海上休閒活動場域，所以，每一趟我們出航時，都能看到南灣裡水上摩托車、香蕉船快艇及各式各樣的船艇，近岸擾蕩出熱鬧的白波。

南灣顯然已成為人類活動過度頻繁及吵嚷不安的海域。

也因為是漁船出海或返航的必經海灣，我們明白，鯨魚、海豚是一種聽覺敏銳、敏感的海洋動物，南灣這麼熱鬧、吵鬧，應該不會有海豚願意進來這裡休息。或者說，這樣的條件將不會有鯨、豚家族願意選擇南灣當作牠們的家族休息場。

雖然，南灣的天然條件是如此優渥——內凹環抱，天然避風、避浪的好場所，珊瑚礁發達，水質澄淨，隨季節不同應該會有各種各樣的洄游性魚群，進入南灣海域裡休養生息——這樣的天然條件是提供了鯨類棲息、繁衍的好場所。

若是能夠好好維護這個海灣的天然條件，或者說，在人類海域活動還未這麼熱鬧、吵鬧的年代裡，南灣應該曾經是許多群鯨、豚家族的理想家園。

幾個航次後，南灣裡意外沒發現過任何海豚，幾個航次後，我們將南灣排除不包括在規劃裡的六個調查區塊範圍內。

只是，我們心底還是不願意將南灣當作是死海來看待——南灣麗質天成，南灣生態基礎條件雄厚。

只是……

探索

盡可能，每個航次，我們將航跡線遍及每格區塊裡的各個角落。這是個一次又一次的探索及發現航程——發現海洋生命及探索自我生命版圖的軌跡——當然，若以科學角度來看不必然是這樣。

我的海洋經驗中，從未如此仔細對待過一個海域，幾乎可說是一步一浪痕的來探索及發現一個新海域、一個新領域。對我來說，每一步都可能是嶄新的閱歷，也都可能隨時會不期而遇從來不曾見到過的海洋生命或海洋現象。

這個計畫讓我學習及明白，為何真正海洋歷練豐富的老討海人總是比較溫文謙虛，又為何粗暴總是源自於生活及視野的狹隘及短淺。

這是台灣尾海域，我們南端的版圖領域，我在這裡航行，感覺到這片我們的海洋在我胸腔裡湧動。每個航程，每波浪摺，都給我強烈的感覺。我想，這感覺不輸給我感覺島嶼上的任何山川和土地。

像一位經驗豐富的飛行員，每個航次裡的每個小時，一個飛行員都在他生命裡累積由經驗轉化的智慧。這個計畫的無數個航次中，我常常覺得，透過探索及航行，我的生命及腳蹤都隨時在湧動及擴張。

卷四

台灣尾

一群群黃頭鷺，一群群花紋海豚，
伴隨著我們航向台灣尾，
今晚，我們都要回家。

一頭鯨的尾鰭

三萬六千平方公里小小台灣這個島嶼，「蕃薯落土不驚爛，只求枝葉代代傳」有人說她像蕃薯；有人以其南北牽拉呂宋島弧及琉球島弧東向太平洋，形成島鍊戰略樞紐，而說她是西太平洋一艘不沉的航艦；有人因其山勢磅礴、山高海藍，恭維她是FORMOSA婆娑美麗之島，也有人以其形貌具象，說她是浮在太平洋西岸的一頭巨鯨。

台灣中央山脊峭聳飛天，若一頭巨鯨背脊海面突舉；噴氣孔點落在台北盆地；恆春半島是巨鯨的尾柄；鵝鑾鼻和貓鼻頭兩座鼻岬恰似她尾鰭的兩個端點。

這尾鰭兩端海域又因海床地形及洋流交錯作用，潮汐潮漲，海洋的吞吐及呼吸，造成尾鰭兩端經常波濤洶湧，迤邐往南輻射拖出兩道漾漾白濤，像是巨鯨游進時甩擺尾鰭推蕩起的水紋波濤。

台灣這頭巨鯨是活的。

「台灣尾」是一種尊稱、驕傲

台灣說小不小。

從台灣東岸海域出航，側看台灣山嶺橫亙若天際一道墨藍屏障。天空清朗時，即使離岸超過三十浬，回首仍然看得見垂落在天邊的台灣山嶺。

過去，我們習常以北頭南尾的觀點來看台灣這座島嶼——總是習慣性或不知覺的就重頭輕尾起來——近來，南部人講究南北均勢，不願意再屈從於彷彿永遠也不能出頭天的末尾。於是，不再是頭上尾下，而是左右橫向的台灣地圖屢屢出現在報章媒體上。不會有人樂意天生就注定敬陪末座，像是陷身在永遠都翻不了身的末端處境和地位。

因緣於執行「墾丁鄰近海域鯨豚類調查研究計畫」，將近一年，我在台灣尾生活、在台灣尾海域航行。

一年過後，計畫結束前夕，我回想在台灣尾陸地及海域生活的這段日子——從陌生到熟悉——我聽見了山林小徑裡騷蟬鳴聲似浪，我看見了形形色色的蝴蝶漫天飛舞，我嗅覺出海濱浪濤散逸出的珊瑚礁腥味，我感覺到炎陽把這裡許多人的皮膚燙成褐紅，我感覺到這裡的海豚、海鳥和魚群與我們海域裡歡喜見面……我感覺到離別依依的心情。

我有著書寫的衝動，覺得必要將墾丁計畫、墾丁心情及墾丁感想留下記錄。這是我生命的一場經驗和驚豔。

幾乎毫無猶豫的，當我開始整理與書寫，「台灣尾」這三個字始終在我的腦子裡盤桓。我想，如一頭巨鯨，尾鰭是牠游進的最大動力來源，無論陸地、海濱或海域，我的確驚訝及讚嘆我在這裡所感受到的巨大能量——騷動的、多樣的、豐富的——我覺得「台灣尾」不僅合適這裡的地理名詞，我也覺得「台灣尾」是一種尊稱、是一種驕傲。

東西海域在這裡交會、談判

回想我生命中所有接觸台灣尾的記錄，台灣並不大，竟然除了小時候全家開車旅行，及三十來歲時參加一次團隊旅行蜻蜓點水似的點駐經過墾丁外，我對墾丁這個路域地名及其環境幾乎是全然陌生的。

一九九八年春末，第一次，我航行經過墾丁海域。那一次航行，我們在貓鼻頭及鵝鑾鼻海域都遇見了驚險的海況。那次航行經驗讓我首次見識到台灣尾蘊含著的無窮勁力。

我習常於從海洋來認識一個陌生的環境——我經常從海洋的樣貌及海洋體驗回頭來摸索陸地的氣味——一九九八年那個航次，對我而言，那是個發現台灣尾的航程。

那次航程，船隻從台灣海峽繞台灣尾航行到台灣東側。漫長的航程中，我貪婪地從舷窗上瀏覽，一波波旁過船舷的碎浪，一聲輕鳴而過的燕鷗，都惹動我的好奇及興奮。

我的好奇及興奮在於終於得到機會能夠航行在一片我生命中不曾航行過的海域。從西而南而東，我觀察到海水顏色、海水味道、陸地山脈和岸緣景觀的大幅變化。那似乎是一齣無聲的戲，我看著劇情流轉……我也看見自己和自己搭乘的這艘船，湧湧晃晃夢境一樣航入這場戲裡。

船隻過了後灣，岸緣出現珊瑚礁岩，看見了一泓白砂海灘，貓鼻頭出現在前方。駕駛艙台上的衛星定位儀顯示的航向線開始劇轉，船隻從望南……漸漸弧轉探向東方……

果然是個關卡，我們正在過關！

舷外破浪濤濤，船身似無所適處的受浪扭盪……比對螢光幕上分秒都在急躁遽變的航向……這景況出現在我腦子裡的是「大逆轉」這個詞。

相當清楚的感受，這裡是到了台灣的尾端，這裡是東西兩片海域轉換的關卡樞紐。

台灣東岸深邃，稍稍離岸都有上千公尺深度；西岸台灣海峽延續大陸棚大抵水深不超過一百公尺。兩個海域不同洋流，不同水色，不同水溫，不同的海洋生物，可說是不同生命的兩個海域在這裡交集過渡。就像是兩個不同性格的陌生人，在這個海域裡交會、談判。

感覺像是航行到了天涯海角，舷外的白濤如此漫漫蒼蒼……

船隻緣岸航行通常很少有出國的感覺，但航行到了台灣尾這裡，我有著強烈即將匆匆遠行的蒼茫感覺。

台灣尾海域潮流紛雜錯亂，越洋貨輪載滿了貨櫃，宛如浮在海面上一座座雕砌方整的小島。貨輪船艄豪邁的掘鼓起一脈浪峰，這一座座移動的小島，他們將切過台灣尾，他們將漩外挪移，往南、往北、往世界各大洋遠航離去。

那次航行，我們也在台灣尾海域看見一隻死去漂浮在海面的綠蠵龜。

我們橫過台灣尾，衝過鵝鑾鼻湧浪區，船隻北轉，像是時空快速流轉驟生的恍惚感。短短時間內，我們從台灣西側繞行台灣尾，那是個三百六十度大迴轉，時空彷彿錯亂了，我們似乎旋身一轉，突兀來到氣味截然不同於西岸的台灣東側海域。像是從一場夢跨越到另一場夢。

一共不到八浬寬，台灣尾就這麼丁點範圍，不曉得為什麼，這裡一直是我航行經驗中印象深刻而且心緒複雜，甚至可說是有點恐懼畏怯的一段海域。

算是因緣湊巧，因為執行這個計畫我得以在台灣尾這裡生活一年，也得以在這片海域裡密集航行。

從恐懼畏怯、到熟悉、到感覺離情依依，我曉得，我生命裡的海洋領域將因為執行這個計畫而拓展、而豐富不少。

從後壁湖港出海

五月春末，大陸冷氣團偶爾還探過台灣頭，北台灣這時節還經常陷身在霪霪春雨裡，還經常殘留在濕冷的氣候型態裡；南台灣這時已吹起初夏的西南季風，濕熱的海洋氣團已季節更替，完成了季節性換裝似的，整個籠罩住台灣尾——墾丁已具盛夏威勢——陽光炎熱燦亮，西南風一波波掃蕩著海面持續了一季的陰濛水氣。

我們從墾丁後壁湖港出海執行調查航次。

那天，船隻往南航行了將近二十五浬後折返，太陽已經西斜，我獨自站立在船艄甲板，遙望著尖突斗笠樣的台灣尾地標——大阪埒尖山。

一群群黃頭鷺排成「人」字形隊伍，貼臨海面飛翔。這是候鳥遷徙季節，避寒過冬後，春天，牠們遠從南方陸地渡海遷徙，一群群指向大阪埒尖山飛向台灣尾。無論牠們將回到台灣或者只是過渡台灣將往更北的國度飛去，台灣尾這裡，是候鳥遷徙必經的樞紐航線。

我們船艄也指往大阪埒尖山回航，遷徙隊伍經常出現在我們船邊，陪著我們鏗鏘的引擎節奏，牠們一群群賣力的張翼鼓翅。日落前，我們將一起回到台灣尾。

同樣一段距離，同樣看見了家的山頭，我漸漸能貼近的感覺到牠們渡海遷徙的心情——牠們在遙遠的越洋飛行後，當牠們遠遠看見了台灣陸地的喜悅。

這時，我回想起二十幾歲時在印尼工作，幾個月離鄉背井後，當返鄉的班機靠近台灣，當我從機窗看見台灣山頭浮現在夕陽紅霞光暈裡，我永遠記得那篤定、沉穩、安靜的山脈讓我心底產生安穩踏實的感覺。家不再是遙遠的盼望，不再是虛幻飄渺的影子。

我佇立在船舷邊，看著牠們因長途跋涉而滄桑紛揚的白色羽毛；我也看到了幾隻黃頭鷺因體力不繼，摔死漂浮在海面上。那是多麼辛苦與多大的遺憾，一路滄桑，都已經看到家了，何以撐不過這最終的一程？

這時，船舷邊出現海豚！

是一群花紋海豚。牠們分散成數個小組，傍著船舷兩側撲潑著水面白浪，也是群體往台灣尾的方向前進。

台灣尾不大，橫寬不過八浬，遠望不過幾座小山……夕陽昏黃了海面霧靄，水面反照斜陽金光閃燦……一群群黃頭鷺，一群群花紋海豚，伴著我們船隻，我們一起往台灣尾的方向前進。今晚，我們都要回家。

引擎聲、鼓翅聲、破浪聲，山嶺越看越近，台灣尾不再只是一個小點。鵝鑾鼻和貓鼻頭像家鄉張開了雙臂迎接我們歸來。

船尖俯仰破浪，海流黝藍深邃，四周安靜得似乎聽得見遷徙隊伍們奮力的拍翅聲、撲浪聲和牠們心底的歡喜。

這時，我看到原本貼臨海面飛翔的黃頭鷺，牠們將近陸地時，整個隊伍迎著陸風往上拔起——像個莊嚴的登陸儀式，是一場肅穆的登陸典禮——牠們立起身子紛紛往前扇打羽翼，伸長了細瘦的長腳，緩緩踏落，台灣，終於踏抵台灣。

我仍然站立船艄，看著黃頭鷺登臨台灣的這一幕。我想著，多少年了，多少個季節流轉，船舷邊的這些生命，牠們一代接一代，多少次，牠們在這個海域流離來回——多少次牠們用我現在的角度看回台灣尾，多少次，牠們用比我更強烈的心情，看到島嶼，踏臨台灣。

一群群黃頭鷺，一群群花紋海豚，日落前，我們一起回到台灣尾。

我竟然是最生疏的，比較起來，雖然我長住在這個島上，長住在這個我心神與繫的故鄉，直到這一刻，我才第一次用這個角度、視野和心情回看台灣。

幾千幾萬年了

大阪埒尖山漸漸清晰明顯，像台灣尾戴著的一頂斗笠……這時，我看見了台灣尾的山勢像一波上岸靜凝的巨濤，幾千年幾萬年了，我終於藉由這一群群黃頭鷺和海豚聽見了山與海的共鳴。

漫長的航程後，我們已經臨近家門。
當船隻靠岸時，我仍然站在船頭，不曉得為什麼，臉頰上都是淚水。

卷五

契角家族

是啊！
水上摩托車衝過來撞過去的，
如果我是海豚，
我也不願冒險進來。

如果我是鯨豚

行船海上做鯨類調查，若海上發現海豚，我常常覺得，要精確形容海上定點位置並不容易。船上的GPS是可以告訴當時的經緯度數值，但那一串數字對一般不常使用海圖的人來說，仍然只是一串可能代表著什麼意義的數字而已。

我通常會用穩定的岸上地標、方位加上離岸距離，來概述牠們出現的位置。譬如說，鵝鑾鼻東南外，離岸約五浬，發現一群花紋海豚。

出海航行到今天算一算也足足十六年了，我仍然覺得海與岸的距離其實相當迷離。離岸三浬、五浬或十浬，其實大都是以經驗判斷的一個估算值。海上闊邈邈，岸上判斷距離的經驗並不能完全適用於海上。有時感覺船隻離岸並不遠，但船隻以七浬時速竟然跑了一個多小時才遇見靠近海岸邊水色較為白混的沿岸流。的確，想得到正確的離岸距離非得翻閱海圖，比照GPS的船隻經緯度數值，才算得出正確的離岸距離。

與海豚相處多年的經驗中，最靠近岸緣出沒的海豚通常是飛旋海豚。比對了一下記錄資料，說是最靠岸平均也都離岸約三浬左右。一浬約一・八五公里，飛旋海豚只是比較靠岸，並不真正靠岸。

好幾次聽住在海岸邊的老人家形容過去他們看到海豚在岸緣海域出現的情況，他們說：「有啊，經常看到一群魚在水面竄跳，後面就看到追趕著的海豚。」或者說：「有啊，這個灣裡常常看見牠們進來。」

我常常想，那是多大的遺憾，魚群和海豚們都已漸漸離岸遠去。沒有食物，沒有乾淨、安靜的海水，牠們似乎不再願意貼近岸緣活動，不再願意繼續當我們的「厝邊隔壁」。

想想，那更是我的遺憾——在我海洋的夢裡，是留下了這一段空白——好像一件藝術品有了瑕疵缺角。

離岸大約三浬內，也就是所謂的沿岸流海域，在我的經驗印象裡，沿岸流海域常常是泥沙混濁的，有時還是油污臭味的。我曾經告訴朋友說，船隻從外海回來，就是閉著眼睛，用聞的也可以嗅覺到岸緣近了。這個海域日以繼夜承受著來自陸地河川、港灣帶下來的各種污穢，就像一出門就不得不遇見了我們住家公寓邊的垃圾筒。

這個海域是離開陸地家門進入清明寶藍世界前，不得不經過的污穢交界區。

這時，船隻通常挺挺朝外，似在奮力擺脫陸地岸緣的混亂不清的糾葛。一般我們對海豚的搜索，也都是在通過這一區後才算正式開始。

一位跟我們調查船出海的朋友說：「是喔，如果我是海豚，我也不願意在這一區生活。」

缺乏食物的海域

「墾丁海域鯨類調查計畫」是在恆春半島周圍海域進行。自從踏入這個海域開始，我就覺得這裡會是打破我對沿岸海域既有成見的地方。

這個半島沒幾條大川江河，加上對沖著幾股洋流，湍急的洋流像老天爺在沿岸海灣的水族箱定期換水一樣——將混濁污穢帶走，不間斷地輪替更換讓新鮮的海水進來——這個海域經常水質清澈，用麗質天生來形容一點也不超過。

幾個航次後，我們失望了。

甚至我們決定將貓鼻頭至鵝鑾鼻夾挾的這泓美麗海灣，排除在可能發現海豚的範圍之外。船長說：「是啊，魚都『砰』了了啊（炸光了），海豚進來做什麼?」

我們去灣裡浮潛過，如此美麗的珊瑚礁、如此清澈的海水，也曾經大翅鯨家族選擇這裡是牠們的休息場——這樣優渥的自然條件——只是，魚隻的確少得可憐、小得可憐。

一位跟我們調查船出海的朋友說：「是啊，水上摩托車衝過來撞過去的，如果我是海豚我也不願意冒險進來。」

看來我海洋大夢裡頭的那一個「契角」（缺憾），是無望在這個算是台灣最有可能的海域獲得補償。

遇見黑潮裡的暴走族

二〇〇〇年六月二十九日，我得特別記下這個日子。

清晨，今天預計是繞鵝鑾鼻轉向東北區塊的調查航次，工作船出了後壁湖港，航經南灣海域，我還在甲板上忙著——將繫岸卸解的船纜圈繞收拾定位，將碰墊輪胎從舷邊拉上甲板——這是一個約十小時的調查航次，我們得做些航行的準備。

沒想到，才離港不久，塔台上就嚷起來了：「海豚！海豚！」

我看了一下岸緣，判斷了船隻離岸距離與相對位置，心想：「怎麼可能？」我們才在小灣前，就那塊青蛙石西緣，離岸不超過兩百公尺。

我心裡想：「看錯了吧！」

塔台上掌舵的船長也懷疑說：「沒看錯吧，可能是旗魚起來摔？」這是雨傘旗魚漁季，偶爾會有幾隻雨傘旗魚在清晨時分被看見進入灣裡。

旭日東昇，大片熾亮光芒越過鵝鑾鼻矮山焚亮火熱了整個海灣，那幾乎不能瞠視的刺眼光芒，像是老天在海面上點燃了千萬支迎向東方的火燭。我回頭看，隨著望遠鏡指出的方向，瞥見了一根黑色片狀物匆匆劃過熾亮海面。像是一個潛水伕匆匆彎腰下潛。

還不確定，還不能確定是海豚，這樣的光熾中誤判的可能性相當大。

「確定！確定是海豚！」塔台上又喊了。

這下子不上去不行，抓了望遠鏡碰碰撞撞爬上塔台。

船長繞了個彎，船隻返頭指回後壁湖港。

背著刺眼光芒，這下明明白白看到了——約兩、三根黑色背鰭輪番切出水面。

「的確是海豚！」

是分散開來相當精明歷練的一小群海豚。

牠們一下船隻左舷探出水面，匆匆換個氣，就下潛大約兩分鐘左右不見蹤影……換成右舷這側，切出水面兩下……與船隻至少都保持一百五十公尺以上的距離。

經驗告訴我，這是一群聰慧狡黠不容易靠近的海豚。

念頭一轉——「必需吧！」——膽敢進來船隻頻繁水上活動喧鬧吵嚷的海灣，沒三兩步七仔（高超的技術），不是藝高膽大是不敢冒然如此的。

清晨時分，灣裡零星才幾艘漁船，熱鬧繽紛的水上活動還沒開始。這時的南灣素靜得像是無粧無扮她原來的面貌。

這群海豚應該已經敏感到我們這艘船在尾隨跟蹤，牠們擺出捉迷藏的靈巧策略——一下東、一下西——船隻受牠們耍弄不得不繞轉圈子走走停停，像一艘腦子出了問題的漁船。

每次牠們浮出水面，我們只能做短短十秒鐘左右的觀察。

發現牠們、跟蹤牠們已經二十分鐘過去，還是無法辨認出牠們的身份。

並不是不能夠，若每次發現牠們浮出換氣，船隻大可加足馬力不顧一切的衝撞迫追過去，或許趁牠們驚慌下潛前怔住的剎那，我們能夠利用這個僵住的瞬間近距離，辨認出牠們是何種海豚。

經驗告訴我們：「急不得。」

這是初見面，我們還處在初見面相互謹慎觀察的階段，衝撞只會提前結束邂逅的因緣。衝撞之後，可能就永遠斷了線。我們寧願珍惜、謹慎的和這群難得而且有可能是前來彌補我海洋缺憾的的海洋朋友們交往。

船隻緩車，我們遠遠觀望——讓牠們全然主動而我們被動配合，讓牠們來拿捏控制彼此間的距離——雖然這灣裡長久以來是由我們人類所霸持。

我心裡頭主觀認為牠們是一小群飛旋海豚。經驗告訴我最靠近岸緣的只有飛旋海豚一種。這可能是一群藝高膽大的飛旋海豚。

不對！飛旋海豚體型沒這麼胖，沒這麼壯……飛旋海豚也很少看到會分散開來單獨行動，何況飛旋海豚總是忍不住要躍出水面飛旋炫耀一下。

已經三十分鐘過去……牠們沒有任何水面飛旋動作，連水面換氣都輕輕巧巧而且異常沉靜。

船長說：「昨天有漁船在灣裡抓到不少的『巴攏仔』（硬尾魚），會不會是魚群進來而吸引牠們跟進來吃『巴攏仔』。」

「巴攏仔」也叫「赤尾」、「硬尾」，體長約三十公分，以飛旋海豚的體型應該吞不下這種魚……

莫非……莫非……答案呼之欲出　…「莫非是近岸型瓶鼻海豚？」我心裡想。

「是 *aduncus*！確定是 *aduncus*！」船上的博士專家看起來興奮極了。他以研究離岸型 *tursiops truncatus* 和近岸型 *tursiops aduncus* 兩種瓶鼻海豚為不同種海豚而獲得博士學位。他說：「這是第一次在台灣海上看到自由而且活生生的牠們。」難怪他興奮如此。

博士專家也說：「這種海豚最親近人。」

但現場狀況根本不是——這群海豚不只不容易親近，我直覺得牠們像一群冷漠的貓。

離岸型瓶鼻海豚在台灣東岸的黑潮流域裡頭我們遇見過許多次——魯莽、勁暴，像踩著風火輪永不疲倦的頑皮小子。我們常戲稱牠們是黑潮裡的「暴走族」——像牛一樣壯，像牛脾氣一樣耍起性子來天不怕地不怕。

這一小群近岸型瓶鼻海豚，可是秀氣、聰黠，客氣斯文多了。像貓，像貓一樣敏感、謹慎和優雅。牠們和船隻的互動關係和其牠種海豚比較起來，可說是幾近冷酷。

若說牠們的個性是友善、是親近人的，那眼前的這一小群顯然是異常的。在陰陰冷冷躲躲藏藏的相處過程中，我感覺到牠們是在吞忍著、壓抑著。

不曉得牠們是否因為進入了這個由人類擅場作主的灣裡，而不得不，不得不忍氣吞聲，能閃則閃，儘量無聲無息的活動。

博士專家又說：「這種近岸型瓶鼻海豚是我們人類最熟悉的一種海豚，牠們的生活範圍幾近貼著海岸。多少人類與海豚的故事或傳奇，主角大都是牠們。」可以這麼說，這種海豚陪伴著人類歷史一路走來。

海洋公園、海洋世界裡被人類豢養訓練的海豚也大都是牠們。雖然說兩種瓶鼻海豚都曾經在水池子裡被豢養、被訓練，但訓練師說，比較起來近岸型的乖巧、聰明、聽話、適應力強；離岸型的則粗野、不馴、死亡率高……

也許我們換個角度來比較這兩種海豚——到今天，離岸型的繼續離岸粗野，牠們仍然自由自在的在黑潮裡弄波弄浪；近岸型的則悲慘多了，台灣海域緣岸，牠們已經數量稀少，而且，在少數仍然水質乾淨的海域，牠們得謹慎、壓抑地過活，有點像是苟延殘喘地在過渡餘生。

這幾乎已經是不容否認的定理——越靠近人類生活範圍生存的野生動物，越容易走上苟延殘喘的地步。

「啊！契角！契角在那！」

九點鐘左右，灣裡漸漸熱鬧……牠們開始集合聚隊，原本分散開來的個體，這時集合成一群。我們趁機數了這個家族的個體數，牠們仍然謹慎，保持距離而且頻頻下潛，點數個體並不容易。所以約略估算這個家族成員數在十二至十八之間。和一般常見的海豚家族比較起來，這是一個小小家族。

這時，我們也辨認出其中幾隻的外型特徵——其中有一隻壯碩的成體，牠經常出現在家族隊伍的前領位置，非常清楚的我們看到牠的背鰭尖端有一個凹刻缺角。

我們並沒有特地為牠或為這個家族命名，自然而然的，忘了什麼時候開始，每次這隻背鰭有缺角的海豚浮上來，我們總會一起高呼：「啊！契角！契角在那！」

自然而然，後來，我們就稱這個家族叫——「契角家族」。

這個「契角家族」圓滿了我海洋大夢裡原本的「契角」缺憾。牠們不尋常的壓抑行為，也貼切的可以稱牠們為「契角家族」。

我多麼想奔走告訴所有朋友這個好消息——墾丁的南灣裡有海豚！在台灣，在這個年代，我們還有機會站在岸緣看到海豚！

考慮過後，我們決定不這麼做。當我一想到牠們在灣裡謹慎壓抑的模樣——我感覺到牠們是想在這個灣裡隱形——我們也不得不謹慎和壓抑——我們擔心宣告這個好消息後，會讓牠們從此不得安寧，甚而銷聲匿跡。

後來，八月中旬，我們也在灣裡船帆石前近岸海域看到一群侏儒飛旋海豚。當時我們看到的情況是這樣的——這群侏儒飛旋海豚群前面慌躁衝著跑著，後頭兩輛水上摩托車追著、趕著——後來，後來再也沒看到這群台灣海域難得一見的侏儒飛旋海豚。

契角家族們集合列隊，靜悄悄的開始往貓鼻頭方向游動。牠們將離開這個逐漸加溫熱鬧的海灣。

一艘漁船近距離旁過牠們……嘿！船上的漁人似乎專心掌舵沒看到牠們……替牠們鬆了一口氣……啊！前頭又兩艘香蕉船快艇衝著牠們來……牠們機伶的集體下潛避難……快艇近距離凌越牠們的天空，拖著白沫吵嚷離去……嘿！真讓人替牠們捏一把冷汗，快艇竟然沒看到牠們……接下來，看！貓鼻頭岬岩上十幾個人在垂釣……契角家族們靠近鼻岬不到一百公尺距離……我用望遠鏡觀察，垂釣的十幾個人、數十對眼睛，幸好其中沒有一隻眼睛看到牠們。

契角家族們的確是一群敏銳警覺的貓，牠們結伴小心翼翼的通過一道又一道的雷區。

終於轉出貓鼻頭，不止牠們，我都想重重地喘一口氣……這時，契角家族裡的一隻年輕成員，輕快鬆綁似地全身躍出水面……高高摔落下去，摔出水面大盆水花。

這才是牠們！

海豚的心中沒有「岸」

從此，船隻清晨一出港，還在灣裡的沿岸流裡，我們便舉起望遠鏡搜索。經常，沒讓我們失望，契角家族們出現在灣裡——一樣拘謹小心，相同是一群貓樣的海豚。

我們常常形容說，這一對男女在「走」（交往的意思），我們和契角家族也進入了交往的過程。每一次見面，牠們允許我們拉近一點距離，相當明顯的，一次就釋放這麼一點點。雖然如此，但我的感受絕不止是形式上的這一點點。想到第一個登陸月球的太空人阿姆斯壯，豪邁地說過這樣一句話——「這雖然是我的一小步，卻是人類的一大步。」每次和契角家族拉近一點點距離，我心底都會生成那股豪邁驕傲的氣慨，我很想學阿姆斯壯說：「這雖然是我們和海豚間的一小步，卻是台灣的一大步。」……雖然這件事正常平凡得一點都不豪邁。

經過了七個航次的接觸相伴，到八月四日那天的航次，牠們一個小伙子來到船邊不到十公尺距離，而且還翻轉肚皮，在船邊繞圈子嬉戲……當時位置當然不是在南灣裡，而是在牠們離開灣裡來到貓鼻頭外的白沙灣海域。

我們將幾個航次契角家族的航跡點畫在海圖上，判斷牠們通常應該是選擇在黑夜的遮隱下摸黑進入海灣……黎明過後當灣裡漸漸熱鬧，牠們集合，然後列隊小心翼翼地通過雷區離開海灣——像交通船有固定的航班，走固定的航線——我想這是為了安全與生存而不得不的自我設限。面對來自陸地的熱鬧與霸氣，牠們不得不壓抑如此。

想起來有點悲哀，當我想到「野生動物」這個名詞時，在我腦子裡出現的通常是自由自在、無拘無束徜徉在天地大海的一群動物。

說起來好笑，我們船隻常常陪著牠們，像水面上的一隻大貓，我們靜悄悄地陪著牠們穿越雷區。

繞過貓鼻頭，契角家族幾乎貼著岸緣游動，這一段是岩礁海岸，岸上沒有公路沒有人家，牠們放鬆了心情，恢復了本性。看！一條針鶴魚受到驚嚇，全身扭成蛇腰「S」型躍出水面，像在施展「蜻蜓點水」的輕功，水面快速點、點、點……多麼倉皇滑稽的姿態往岸緣逃命扭去……契角家族裡的一員，幾番水面輪動，潑濺出片片激昂水花，炮彈樣的尾隨追去……就是這樣！牠們本性應該如此自在才是！

船長說：「要擱淺了！要擱淺了！再追下去就上岸去了！」博士專家說：「不會！放心，這種海豚從來沒有擱淺記錄。」

牠們生活在岸緣，牠們腦子裡熟悉「岸」這個概念，所以，牠們知道哪裡是「岸」，知道牠們的活動界線在哪裡。大洋性的海豚心中沒有「岸」，曾經有過大洋性的海豚在外海被捕抓後放到水池子裡，沒想到這隻海豚一沾到水便高速衝撞起來，牠以為水池子是無遮無攔的大海，這隻海豚竟然筆直衝撞池壁碎裂而死。

想到「回頭是岸」這句話，我想契角家族的年輕小伙子們若不要命地衝向岸緣，牠們老一輩的一定會告誡說：「喂！回頭是海。」

好幾次在南灣、在貓鼻頭內側及外緣的白沙灣緣岸浮潛，幾乎每一次都遇見了當地人用以捕抓珊瑚礁魚類而施放的的底刺網。

契角家族的前途堪虞，不僅水面上有衝來撞去的地雷，水面下也滿佈著陷阱。契角家族最多才十八個成員。已經夠謹慎、夠壓抑的契角家族們，我不曉得是否得讓契角家族們全身都套穿上盔甲，或者，期望牠們在水裡頭不用呼吸不用吃魚也能生存……牠們的前途看起來並不怎麼光明。

船長說：「若保護起來，契角家族將會讓南灣有享不盡的財富。」現實層面來看，的確如此，但如何保護牠們？

也許牠們等得到這一天——當牠們在灣裡生活不用再縮躲壓抑——而我們島上的所有人已經能夠看待牠們是朋友，我們經過努力，所有人都已確認如何正確的善待牠們……那時，我們才算已經準備好歡迎牠們回來灣裡定居。

理想和現實間總是距離遙遠。

幾天前看到一則蘭嶼海域發現大翅鯨的報導，標題是這樣寫的——「大翅鯨回來了！」

我覺得不該冒然用「回來」這個字眼。

當我們緣岸海域提供了牠們賴以生存的「家」，才會有「回來」這件事發生。「回來」是得經過我們的努力與改變，而牠們又作了選擇。

事實和現況有一大段距離——和偶爾路過出現的大翅鯨一樣——契角家族雖然在南灣出現，但狀況不明，前途未卜。

渴望再看到牠們

不曉得牠們在那裡？

自六月二十九日的航次首度發現牠們，至八月二十七日的航次最後一次看到牠們，契角家族不見了。

是否魚群已經離開海灣，牠們沒有必要再冒險進來？

是否因為八月底颳了兩次颱風，緣岸海域巨浪濤天，牠們已經避災離開？

九月二十四日，車城海洋生物博物館海域，有一位建築工人看到離岸約五十公尺，有幾隻海豚追著一群魚；九月二十七、二十八日，連續兩天有人在南灣近岸看見三隻海豚……

不曉得是不是契角家族？

海上調查作業結束後，九月二十九、三十日兩天清晨，我帶著望遠鏡，開車從南灣一路繞到貓鼻頭外的白沙灣……很想再次看到牠們……很想確定前幾日被看到的是「契角家族」這群老朋友們。

車子彎繞在鼻岬邊的崎嶇小路，秋天的陽光豔麗，受東北季風影響海面有些細碎白浪，氣溫和暖不再燥熱，蜻蜓滿天飛舞，大概是秋風與人的蕭瑟感覺，我突然感覺到像是繞著天涯海角在尋找牠們。

站在岬角上，秋風飄飄，望遠鏡將海波細褶拉近如在眼前，近兩個月和牠們在這片海域相處的點滴一幕幕歷歷呈現……

在鼻岬上等候了一個小時，沒等到牠們，心情有些淒清惆悵。

註：「契角」是閩南話「缺角」的意思——引申有瑕疵、不完整及缺憾的意思。

卷六

七星岩

退潮時，它不止七座，
漲潮時，它又少於七座，
我耽溺於「七星」這個名字。

航行是一種渴望

澄藍天空，靛藍海洋，微風在海天之間柔梳盤旋，天邊積雲宛如朵朵綿絮堆累生成。水聲嚄嚄，一抹白浪翻花舷邊滾蕩而去，船尾白沫擾擾迤邐，船隻如在墨藍海面雕鏤，縷縷雪白緞絲樣的白浪，如雕鏤後的碎屑牽拖掛上船尾。總是撐持不了多久，白沫迅速化溶入藍浪底，海洋似乎處心積慮隨時在平反她堅持著的一體沉藍。

繽紛生命在舷邊悠然流轉，魚隻徘徊，海鳥飛過船桅……海上歲月在波峰浪谷間低迴、高攀，逐漸波折逝去。

海面漂泊一段日子後，航行的心境轉化成為一種尋覓、一種渴望。

說不出究竟渴望什麼或尋覓什麼？

渴望眼界裡出現一個穩定的標點？渴望這表面澄藍單調的海洋世界裡現出一絲風華？而出海航行的初衷，不就是為了逃開繁華，逃開那沉穩不變幾近什麼都僵固著的陸地？

一段日子沒能出航，我便會行走海濱，渴望在穩固裡尋覓漂浪的機會……一段日子密集航海後，我的眼睛又會在漂泊中渴望尋找一處安定的所在。這永遠無法滿足現況的不安，是我多年來對海洋始終不變的心情。

尋找遂成為我海岸邊或甲板上的習慣——我常在航行中、在行走海濱間，渴望尋覓找到一座島嶼，或尋找到一處絕無人跡的天涯海角。

像是台灣尾斜向南方的影子

在台灣尾海域或沿岸海濱，都不難滿足這種沉潛的渴望。

出風鼻、鵝鑾鼻、貓鼻頭、車城鼻——那蒼勁、那孤絕、那恆久的聳立、那陸地和海洋間永世的對望——在台灣尾，我輕易找到了這四座鼻岬，他們是台灣尾的前哨，他們是台灣固態陸地最終的延展，他們是海洋和陸地起止的交界點，他們是海與陸的衝突點，他們是風浪裡艱忍堅韌的痕跡，他們都是荒郊野隅人跡罕至的天涯海角，他們是一座座海陸兩面雙向的天然燈塔，他們是一個角落、一個角落的邊陲標點。

島嶼又不相同了，尤其是無人居住的島礁。

海水切斷了島礁和陸地的牽連，像失去了臍帶的孤兒，像流落在外的遊子，像盤向外散落的碎屑。

離開南灣在台灣尾南端海域航行，不用太久，就會看見七星岩浮出水面、浮出在船隻的視野裡。

七星岩，又叫作七星石，是由一群南北向列隊、由大而小的島礁組合成的黑色群礁。七星岩列隊浮出在鵝鑾鼻南南西約十浬海上。天氣晴朗時，從台灣尾陸地上可以望見這座島礁。比較起來，鼻岬雖日月承受風浪的蝕鏤，但終是還受到腹背陸地的支撐。這些離岸的孤島，可說是幾近無助的、孤伶伶的浸泡在海洋的胸懷裡。

七星岩到底是否由七座島礁所組成？

我數點過。每次航行靠近七星岩時，我總要細數島礁的數目來應驗「七星」這名字的典故。但每次都點數到不同的數目，退潮時，它不只七座；漲潮時它又少於七座。

「七星」這名字常常被使用，七星劍、七星潭、北斗七星……「七星」給人剛毅堅卓的感覺……七星岩終日受風承浪浸蝕在大海裡，這緣故吧，差不多是「七」的數目，乾脆就給它一個好名——「七星岩」。

除了偶爾船隻載來了少許釣客登臨，七星岩是無人的黑色島礁。礁台不高，幾近貼臨海面，島礁面貌猙獰，坑坑凹凹的岩貌敘說著他們無盡的滄桑。礁頂最高處不超過四公尺，看起來微渺得似乎堪不住一波巨浪逆襲。但它們撐著、撐著，多久了，他們苦苦撐著。

若將台灣尾海底地形圖攤開來看，七星岩可說是台灣尾外的台灣尾。

台灣尾東側、西南側都是陡降無底深邃的海床，兩處深沉海域夾挾台灣尾海床向南延伸。

這是一場埋入水面默默進行著的地質操演。台灣尾陸地山脈入海延伸，牽引著水面下的台灣尾海床。看著地形圖，這塊延伸的礁岩可真像是台灣尾斜向南方海底的影子。

七星岩是這場地質操演過程中，突露海面的零星見證——一群堅卓、孤立的黑色島嶼。

私下叫他「長眉船長」

工作船「滿隆號」停泊在後壁湖港時，經常有一艘東港籍的小漁船來和我們並排綁在一起。這艘小漁船的船長六十六歲，東港人，他的船看起來和他的年歲相仿。以為他和我們工作船的陳船長是舊識，所以港裡頭聚過來作伴閒聊。

我們船長說：「同是出外人，算是這海、這港結的緣。」

他們算是泊船相倚而認識。每次陳船長煮好晚餐，轉身朝鄰船呼喚：「東港友ㄟ，吃飯嘍！」東港老船長端著碗筷跨過船欄過來我們甲板上一起用餐。東港船長體形乾瘦，斑白的眉尾垂長，我們私下都稱呼他叫「長眉船長」。

船長們都是六十好幾的老討海人，談起話來離不開海上捕魚種種。長眉船長說，他從東港五個小時開船來這裡，為的就是捕七星岩的「海草仔」（青魚參，魚體瘦長，橫身一條青綠長帶）。

長眉船長用小魷魚當餌，每天清晨三點多出港，終日就在七星岩附近海域盤桓放餌，傍晚回港賣魚。後壁湖港不少漁船，沒人像他討這種「艱苦海」（賺不了什麼錢的捕撈）。長眉船長笑著說：「老人工吶，有多少算多少。」

有時魚價不好，長眉船長會提一條「海草仔」過來一起吃。

後來，每當我想到七星岩，就會想到「海草仔」，就會想到長眉船長的老船及他在七星岩海域孤單作業的身影。

白濤巨浪

兩側深邃的台灣尾海底延伸地形，西南季風吹送流及黑潮的浪湧，被七星岩及其埋在水下的這道長牆攔擋，海域潮水混雜，隨著每個潮汐轉換，海面上都能看見急促的景觀變化。經常一道白濤巨浪從鵝鑾鼻尾長伸穿越七星岩群礁東側海域，迤邐南向直削天際。白濤巨浪是活的，每當潮汐變化，巨濤一線陣仗排開，以倚天之勢，大隊兵馬鐵蹄雜沓滾滾西來。

白濤巨浪往七星岩群礁洶洶廝殺過來，一路鐵蹄雜沓席捲沸騰了大片海域。一吋吋、一方方吞蝕覆沒了原本平靜的海面。那洶湧氣勢往往讓我心頭驚顫以為是一牆海嘯滾滾衝來。初初到這個海域時，見到這情況，好幾次我轉頭看向船長，想提醒船長是否該逃命了？

船長總是相當篤定，他似乎了解我的驚惶，微笑著說：「煩惱免啦！」他曉得七星岩是一道穩固牆垣，白濤浪牆總是衝不破、過不了這道七星關卡。那浪牆直殺到七星岩群礁邊緣，就停在那裡，像隔著柵欄咆哮的一頭猛獸。這場景對比是強烈的，像一團火碰著了一渦水，七星岩群礁是一道界標，一邊是烽火連天，另一邊則常常是風平浪靜。我們經常旁著界線航行，左舷側海面是風暴隆冬，右舷側則如夏日和煦。

盤旋衝落海面的水鳥

好幾次，我們被七星岩附近海面一大群低空盤桓的海鳥吸引了眼光，船長好奇，調轉船頭，將船隻往七星岩群礁開過去。

那群海鳥是由近百隻水薙鳥、大水薙鳥及數百隻燕鷗翔聚組成。海鳥們紛紛低空雜錯交翅，匆匆盤轉，像一場海上戰事混亂引爆，像數百架戰機頻頻斜翅俯衝。

從甲板看過去，水面浪花錯雜點落如群箭紛亂落海、如豪雨滂沱——海鳥們奮不顧身紛紛斬落水面——像太平洋戰爭日本零式自殺機發現了美國航艦般的熱絡猛烈。

海面不見航艦，只見七星岩群礁錯落如一串擊不沉的黑色孤島。

船長呼喊著快快放下船尾拖釣假餌。

水面上看不見水下熱鬧，但海鳥們銳利的眼睛、匆躁的行為延伸了我們的透視力，海鳥們斜翅盤轉、衝落……水面鼓翅又起……又一陣盤轉及衝落……海面魚隻急躁點跳……船隻鏗鏘的引擎聲緊緊相隨，我們撲身衝進這場混戰裡。

船尾垂掛的拖釣尾繩立即亢奮地硬挺擺顫。

「中魚了！」看尾繩挺舉的張力，是一條體形及蠻力都不小的魚！

幾番拉扯，拉上甲板的是一條五公斤左右圓飽炮彈體型的「柴魚仔」（正鰹）——這魚在背鰭及尾柄部戴著大塊寶藍色斑點，體態硬挺，神色桀傲，一看便覺得牠們是武士級的魚種。過去經驗，我們曾經在海上以九節航速追逐一群柴魚仔，但很快就被牠們給擺脫了。若要我為台灣尾選一種代表性的魚種，我會毫不考慮的選擇這種經常在七星岩群礁邊活躍的「柴魚仔」。

船隻躁急跟著海鳥及「柴魚仔」周旋，沒多久，又拉上了一條一公斤重的「海草仔」。

這「柴魚仔」和「海草仔」並非這場熱鬧的主角，牠們跟海鳥一樣都是湊熱鬧來的獵食者。引發這場騷動的主角是海面下竄逃的一群小魚吧，或是比小魚更小的一群蜉游動物。是牠們引爆了這場殺戮。

彷彿聽見一股肅殺的吟嘯浮覆在另一股四下奔逃的倉皇裡，不是撲翅聲，不是破浪聲，是一場嗜血殺戮的嘶叫、是驚駭亡命吐吶不息的哮喘、是混亂裡不知所措的吟哦。

群鳥，群魚，孤船，我們都是獵者！等級不同、目標物不同的獵者！

潮浪帶來了豐富的生命，這串黑色孤島並不孤獨。鎖鏈樣的生態關係，吸引了一級級、一層層的獵者前來，這場戲碼的各色演員陸續現身，而主角只顧埋在水裡瘋狂逃命。七星岩群礁邊海域，潮起潮落，一齣齣熱鬧大戲反覆在這裡上演。

還熱鬧當頭，船長說：「走吧！拉兩條夠吃就好。」

船長說，以前日本船常跑來這裡偷抓這種「柴魚仔」。這魚的肉質粗絲，又乾澀缺油，生鮮吃起來並不爽口，但是，據說是燻製柴魚的上好魚材。這緣故吧，討海人都把這正鰹有點輕鄙的叫作「柴魚仔」。

雖然在海裡如武士級的尊貴，但一上了岸，在台灣漁港這種魚並不怎麼值錢。

回望台灣尾

魚群隨潮浪走了，戰事過去，七星岩群礁海域恢復了平靜。

水薙鳥浮坐在海面梳理羽翼，燕鷗散落棲停在七星岩礁台上。牠們休息、等候，下一波潮水將帶來另一波高潮。

船隻繼續南行，水深儀探出五百公尺等深線，前方已是巴士海峽海域。回頭看向台灣尾，山脈已經朦曨。七星岩群礁只剩隱約幾個黑點孤單的浮在台灣尾海域。

卷七

老船長們

海上波濤已融進他們的血液裡，
他們的個性隨和，物質欲望低，
另外，他們有說不完的海的故事。

執行「台灣尾」這個計畫，除了海上鯨豚資料收集及海上經驗累積，我覺得最大的收穫是因緣這個計畫而認識了幾位老船長、老討海人。

他們都上了年紀，都已經六十好幾。他們從十幾歲囝仔囝仔（小孩子）就下海討生活至今。海上風浪，他們半世紀波波折折走過，海上浪濤都已溶在他們的血液裡，溶成他們生命的一部份。他們一般個性隨興、隨和，不太計較生活條件……另外，他們都有說不完的海上故事。

港灣是船隻的家，船隻是這些老討海人的家。港邊甲板上煮過晚餐，海風飄飄吹來，幾口米酒助興，不經意而且沒什麼安排的，他們聊著、聊著，閒閒就會說起海上故事來。

船上吃飯就是這樣

黃昏，天色才灰濛下來的點燈時分，陳各忍船長將甲板上那盞四十燭光燈泡點著。

六十歲的各忍船長，手腳動起來可一點看不出他的年紀。看他後甲板冰櫃裡兩下摸索，變魔術一樣，抓出半顆高麗菜和半條鬼頭刀魚，水櫃裡順手掏幾把清水，就在後甲板上切切洗洗起來——看起來他腦子裡早已有了盤算——甲板上幾個人、總共要變出多少份量的幾盆（船上盛菜的小鋁鍋）菜。

果真沒怎麼差錯，各忍船長手頭節奏應合著快速暗濛下來的天光，兩三下功夫，當爐灶霹啪響起油爆時，天色才徹底暗了下來。

嘩啦啦幾片鬼頭刀丟進油爆鍋底，燈泡下立刻冒起一股帶著魚香的油煙……豆瓣醬、高麗菜全都沒怎麼猶豫，該下鍋時，紛紛灑灑統統倒進鍋裡。

七月天，曬了整天炎陽，這時若是待在岸上房子裡，該是熱氣稠悶擁擠汗流浹背濕黏得散不開來的時候。這時的港濱卻是吹著海風清涼。在漁船上晚餐，想都不會去想到冷氣、電扇什麼的。

「東港友乀啊！吃飯嘍！」各忍船長手腳俐落，幾盆菜端在爐灶邊甲板上，放聲朝繫綁在一起的鄰船呼喊。

「好喔，好喔！」打赤膊的鄰船長眉船長兩手拎著半鍋飛魚湯、一盆子小卷和自己的碗筷，似乎是忘了已經六十六的年紀——長眉船長一腳跨過船舷，年輕小伙子似的。

各忍、長眉兩個老船長相讓一番，最終的默契是，兩個人面對船尾併肩坐在機艙木蓋子上——這一般是船長專用的用餐座位——誰叫兩位都是船長，都是年歲相當的老船長。

後壁湖港邊，海風吹來陽光餘味，當地漁船的船家大都回去了，剩下各忍船長和長眉船長兩艘船點著燈。

港裡微波蕩漾，船隻柔緩搖晃著，相鄰兩船偶爾輕細幾聲摩擦，依依偎偎。

「東港友ㄟ，」各忍船長向長眉船長說：「看你無啥老到，啊鳥喂，竟然比我大六歲。」

「其實啊，普通人這款年紀老早退休抱孫啊，咱卡歹命……講起來無啥不好，會吃會做才健康哩。」長眉船長認命的口吻說。

各忍船長來自台東成功港，長眉船長的漁船是屏東東港籍，各自出外討海，有緣在台灣尾後壁湖港船隻相鄰繫在一起，出外人嘛，理所當然就成了老兄弟、老厝邊一樣。才一下子時間，兩個年紀加起來超過一百二十幾歲的老船長，便在這頓晚餐時熟稔熱絡起來。

「船上吃飯就是這樣，隨便煮煮，隨便好吃……」各忍船長稍帶客氣自我讚美一番。

「是啊，老莫老，菜湯攪攪咧兩碗飯尖尖就給奋下肚去。」

「對啊，討海就是這樣，『一頓久久，兩頓相堵。』」（作者註：海上作業時間又長又緊湊，吃完一頓不知下一頓什麼時候有空煮來吃，待閒下來，吃飯時間已經過了，經常就兩餐相堵一起吃。）

「好否?咱倆個老ㄟ來含一嘴?」各忍船長相邀喝點酒。

「好喔，龍鳳還是蔘茸?」

「唔，我看米酒就好，又不喝多，就含一嘴而已。」

「對喔！酒不好，含一嘴就好；菸也不好，我這世人不曾感冒，戒菸那次，續咧感冒三次。」

「叮！你沒聽人講，飲酒顧肝，呷菸顧肺……」

「老ㄟ，麥客氣喂，啊鳥喂，這塊分分咧，分分咧……」

老莫老，他們客氣留著盆底最後一塊鬼頭刀魚肉相讓……

一頓晚餐，他們兩個老ㄟ吃到漫天星斗，月娘已經海面昇起爬就堤端燈塔上，四十燭光燈泡昏昏黃黃。

一嘴米酒含著，說話時一個不小心吞落喉底：「啊！喝多不好，再含一嘴就好。」

他們忘了酒要嘴裡含著，喝多了不好，他們聊著天地南北；聊著分別東、西兩岸個自的家鄉……聊起家裡的兒女和孫子……他們也互相比較起船上各自的儀器裝備……一口酒配一個話題吞落……他們又聊起現代的年輕人。

啊！無限感慨！

收碗筷時，他們聊起早餐，長眉船長說：「如果在家鄉岸上，明天一早，會去市場口吃三碗燒滾滾蕃薯籤稀飯，配一粒鹹鴨蛋，要不再吃他兩碗肉粿。」各忍船長說：「如果回家，早餐燒滾滾一碗豆漿，配一套燒餅油條卡好。」

海海ㄟ討海人

媽祖生，又是莊裡媽祖廟前庭擴建竣工，後壁湖莊裡老老少少都趕回來了。有大都市發展回鄉的少年家，有嫁作隔壁鄰村返家的少婦人……最遠的算是討海到南海趕水路開船回來的吳棟老船長。

吳棟船長六十三歲，相當也是廟裡的老管理委員，從媽祖廟的建醮起廟到今日的擴建工程，雖說經常討海出遠門在外，他可是出力無數參與過不少意見。

今日莊裡鬧熱，他海上早已盤算好歸來的日子，自幾天前破曉拉上來一網魚，船上海腳（船夫）見收穫不錯問他要不要再下一網。他回答說：「就這樣，轉來去！」

廟埕鬧熱，廟裡請來一班歌舞戲團，廟口牌樓下搭架起舞台聲色十足。廟埕擺了三、四十桌，全莊子大大小小全都來了。

另外，並不是特地為這慶典來的，有恰好從台東開船路過的陳船長，和遠從花蓮探聽來莊裡買漁船的阿斗伯。阿斗伯和陳船長本來舊識，同艘船抓過魚；阿斗伯和吳棟牽連又有遠親關係。只是許久沒連絡。

算是因緣聚會，媽祖婆牽的緣，吳棟邀阿斗伯，阿斗伯請陳船長……漁港裡牽拖邀邀十幾個都是出外的老討海人，湊成廟埕當中一桌。

算一算，這一桌七百歲超過。

天色入暗，管理委員會理事長致辭答謝過後，陡然颳起一陣北風。廟埕露天三、四十桌桌面上的塑膠碗、杯、湯匙紛紛吹落一地。

「趕緊！」吳棟船長喚這桌老討海的：「喂！老ㄟ，不是叫你用手壓著！」吳棟船長示範，碗杯各自添湯加酒，壓住了陡然輕揚的這一陣風。

一陣風吹來廟埕紛亂、喧嚷，就七百多歲這一桌老神在在。也許這輩子風頭浪尾見識多了，這季節、這款風，見怪不怪。

吳棟船長作主舉杯邀一桌老討海人沾口酒開場。老ㄟ就是老ㄟ，沉沉穩穩，安靜的紛紛舉杯沾濕了嘴唇，不像鄰桌幾個討海少年家，討無三日海就在膨風他在海上吶多麼勇、多麼猛……菜還出沒兩道，幾個少年家看起來已經醉一半。

陳船長舉杯敬吳棟船長，算是賓客回禮，隨口問起：「干吶叨位看過？熟識臉、熟識臉。」

「是喔，熟識臉、熟識臉，見過！確定見過！」吳棟船長說。

「咁ㄟ是三十幾年前，我曾經靠船後壁湖港一、兩個月抓旗魚……那時間見的面？」陳船長說。

「喔！難怪熟識臉、熟識臉，雖然當時沒打招呼，每日港底出出進進，看也看到認識。」吳棟船長說。

「老莫老，三十幾年了沒啥老到嘛。」

「那有影，記性歹囉！」吳棟船長說。

是媽祖婆牽的緣，七百多歲一桌老討海人，杯碗交錯間竟然互相熟識臉、熟識臉起來……不是藉酒膨風黑白牽親挽戚（認親戚），聽看看，哪一處漁港他們沒蹲過，哪一片海他們沒征討過，想當年，討海人的命就是跟著魚群跑……像鬼頭刀追著飛魚跳、黑鮪跟著鬼頭刀跑……雖然說海面闊濛濛，你住山前吶我家住山後，到了海上討海，海面從此連成一氣，無分山頂啊山腳，大家的命都曾經他鄉或家鄉某某海港角落交會過這麼一陣子。

今日媽祖生，湊巧坐成一桌熱鬧，從初見面熟識臉到頭一次同桌喝酒，竟然都相隔二、三十年。

媽祖生廟埕這一場鬧熱過後，誰知道，下次相見會在哪一年？哪個海港？哪個天涯海角？

過去的魚

講到過去捕魚，無論來自台東新港的金生船長、各忍船長或來自屏東東港的長眉船長都不免搖頭嘆息。

閒談話語中，聽得出來，他們一生的風光歲月，海海已經隨風遠去。

他們不是感嘆年歲已老，不是他們覺得命苦這款年紀還來海上奔波……無風無浪窩在家裡含飴弄孫的日子他們並不欽羨……回想海海過去的日子，他們最大的怨嘆是，過去和獵物魚獲間的贏搏拉拔，如今都只能當作故事閒閒來講。

後壁湖港的天色已經昏暗，晚餐後，老船長們聊起過去的魚。

金生船長說，一個沒有漁獲的討海人，就好比一個失去獵物的獵人，就如同一個武士失去了敵手，失落了戰場。

長眉船長「八」字眉眉尖垂覆到灰白髮鬢，他說：「相信否？一條繩鉤十五門，斷落了九門，照樣款款六條四百多公斤闊嘴石斑拉上來！」八字白眉聳了兩聳，一幅好漢不提當年勇的姿態繼續說：「可惜什麼，若不扯斷，整條線幾千公斤的魚，拉得來啊？」

各忍船長，別看他黑猴瘦、黑猴瘦身材，六十整整一餐飯的飯量肯定三、四個少年家加起來猶原遠遠不及，他說：「還有這款……」嚥了一口米酒緩緩說：「那年，一尾魚釣到，不小喂，四、五斤最少，來！猜猜看，拉上來最後幾公斤？」

「喂！講就講，還猜字猜啊。」金生船長說。

「啊鳥喂！拔到一半，手上漁繩一聲挫動，像是鉤子上掛著的那尾魚吃了卜派大力丸，咻咻叫啦，手繩仔咻咻叫直直去，猜猜什麼魚？」

「喂！講就講……」

「直直去，直直去，手底皮磨到出煙臭火乾……」又吞了一口酒，喉結咕嚕一顫，各忍船長繼續說：「當時我在想，四、五斤魚仔一嘴吞得落喉的，一百斤超過……看繩仔出勢，不是往下駛力，左邊走走、換右手邊跑，干吶風颱天底放風箏。」

「喂！卡出力拔咧，越吹越遠囉。」

「拉得來啊？哪敢給牠吹遠，出力強強嘎撐著……這咧時，時間已經過了點多鐘，無輸無贏啦，牠跑不去，我拉不來……續咧，就愛比看誰卡有擋頭。」

「各忍啊！拔來啦，卡出力咧，話減講兩句，卡出力咧！」

「好啦，好啦，拔這款大尾魚仔要夠耐心咧，」各忍船長左右手輪流，一拳緊接一拳，空氣裡抓什麼似的，一把把就要捏碎拳頭似的，一拳拳將往日空氣盡往他胸懷裡攬，還隱約咻咻氣喘說：「啊，不是普通大尾咧。」

「卡緊咧，卡緊咧，腳手卡媠咧，半天還等無是什麼魚？」

「煩惱免呢，一手一手來，嘜緊弄破碗沒聽過啊……」

「啊到底什麼魚，時間跳過去，時間跳過去，到底什麼魚趕緊講講咧。」

「緊張免呢，總是要讓我拉回來船邊，總是要讓我看到魚，才能講是什麼魚在搞怪，總不行青菜講講，總是要一步一步來啊，千真萬確的代誌……」各忍船長手上、口裡不停他的輪拳拉拔，繼續說：「時間過去了兩點多鐘，啊！看到了，魚仔影閃在水底無嚎謏看到了，啊鳥喂，白閃白閃大大片厭厭半浮半沉就在船邊水下，看到沒？一百五十斤超過。」

「到底什麼魚？」

「看起來是梳齒……又親像是黑甕串……」

「喂！到底什麼？」

「沒拉上來誰知道是什麼？」

「那就趕緊ㄟ，還有時間講古……」

「就已經拔到船邊，啊！竟然給我沒面子；啊！活跳跳、死翹翹；啊！在船邊打撇、打轉；啊！看攏無……船邊白蒼蒼都是水花……趕緊一手強強挽緊，一手後邊摸索去拿魚鏢……這麼大尾魚仔不寄鏢（補上一鏢，防止大魚脫鉤）無可能拉上來！我看不止兩百斤……」

「越來越重，到底什麼魚？」

「還不確定吶……」各忍船長又伸手去摸酒杯……「這咧時，竟然咻一聲，手上繩仔又被拉出去五、六十噚，啊！目睭晶晶人傷重；無采我底擋、無采我底拔……」

「重頭又來？無采我底聽……」

「是喔，手底皮又再出煙臭火乾……」

「是喔，卡早魚仔真正大尾、真正縞，」金生船長趁各忍船長重頭來過的空檔，接過來另一口話題：「那年，他們不相信，我帶幾個少年家開船在台灣尾東南海上，夜裡，我告訴船上少年家說，這裡飛魚很多。他們不相信，他們姿態驕傲說：『飛魚誰沒看過啊，白天行船海面蠅蠅飛，誰沒看過飛魚啊？』不相信？白天那不過闌珊菜尾，不相信我證明你們看。站卡穩咧，不要得青驚！我開了船尾探燈，一束光唐突照向船尾那黑黝黝海面。『轟啦！』那可以說是炸彈爆炸，那光線像是帶著原子彈威力，掃到哪裡，哪裡水花爆炸翻騰開來。『啊！啊！』船上少年家一個個看到嘴闔闔合不攏。光線照射下，翅膀水花密密麻麻水面上爭搶每一滴光線……哪有看到天？敢有看到海？你眼睛能夠看到的，只有水花，只有遮天遮海飛出海面飛塵水浪樣的飛魚。少年家說：『如果手夠長，可能隨便空氣裡一掃一撈就是一大把。』，我說，不止，手被打爛都會。」

「幾年前的事了？」

「那年我記得五十一，才十二年前的事。」

「僥倖！今嘛釣魚攏用蚤母鉤……」

「什麼蚤母鉤？」

「蚤母你不知，」金生船長舉出他的右手掌，拇指捏著小指，瞇著眼說：「這麼小丁點……」

各忍船長一旁還在一拳一拳過乾癮似地拔那條一百五十斤，喔不！兩百斤超過的不知名大魚。長眉船長仰頭望著甲板上的昏黃燈泡，似在回想過去拉拔過的什麼魚。

哈口氣

金生船長上個航次在七星岩南邊海域抓到兩隻「飛管」（菱鰭魷），這算是住在深海難得上來水面散步，難得被抓到的魷魚種類。難怪金生船長放著其他一簍簍魚獲不講，偏偏手舞神采地細述了捕抓到這兩隻飛管的過程。

「……看到他們一對形影不離出現在舷邊光暈裡，機不可失，當下拋了魷魚扯鉤……沒想到一下子過來抱住鉤子，真正餓鬼，哇！夠大隻，強要拉不來……沒想到另一隻也來抱住……好不容易拉上船……嘿嘿，早已準備妥當，船尾早已準備了一個水桶當他們的吐煙桶（噴墨桶）……雖然拉上舷邊剎那經驗豐富立即甩開身邊一段距離，還是「咕滋」、「咕滋」、一聲聲像是生氣罵著……一邊罵著一邊濃稠啐噴著一陣陣黑墨煙……」金生船長比著身上衣服，這裡、那裡，像是彈著孔……這裡、那裡……斑斑點點都是墨漬。

一旁各忍船長說：「啊！你沒給他哈口氣，就不會這樣亂噴。」

看金生船長笑咧、笑咧，斜眼不正、表情有點狡獪……看得出來，這裡頭藏著什麼故事精采……

經不住我們纏問不放，終於，各忍船長答應講這段「哈口氣」的事——

三十幾年前的事了，那時我和金生同艘船捕魚。

那天靠港後，才卸了漁獲，看岸上船主領一個清秀年輕人來到碼頭邊，說是他三叔公五嬸婆的誰誰誰，要來我們船上參一腳……船長面露難色……這艘小船已經坐滿十個人，船上工作大致都有分配，這樣唐突多一個下來，必然有一個當閒人。但是，船主喂，那年頭船主大得很，不高興可以叫船長碼頭邊立正稍息的船老闆喂，不接受的話這場面如何交代得過去。

就這樣，船上硬塞多了一個閒人，這三叔公五嬸婆的公子哥兒、這開口閉口警察阮大兄總統阮親屬的公子，這鼻孔說起話來船長都得忍讓他幾分的少年家，如果像他外表人模人樣大家同艘船同等一家人，什麼都好說無什麼好計較。偏偏，公子大哥大懶神一個，船上雜事看他心情高興摸兩下，不高興一整天船艙裡臥著，煮好飯三請四請還得看他歡不歡喜。這款人，大家能忍則忍，心裡頭暗暗訐譙不止。

一次黃昏放了網，大概五、六個小時，後半夜才要收網，時間還早，睡了可惜，我們幾個舷邊打了聚漁燈，魷魚扯鉤綁綁好，大家船邊釣起南魷來。那天南魷吃餌，一下子功夫大家嘻喝叫，紛紛這頭拉上來一隻、那頭扯一條大尾，船頭船尾好不熱鬧。

這下可好，嘻嚷聲驚動了那位公子大哥好奇，他從船艙探出頭來，看見這場面熱鬧，於是，公子大哥大身段擺出來，自己不會去綁釣鉤，硬要金生手上的魷魚扯鉤讓給他釣。

金生古意，沒打算與他計較，好嘛，要就讓給他去。

金生還好心一旁伺候著，耐心教他如何甩鉤、如何扯鉤、如何量力順順拉扯……

果然名師指點，三分鐘不到，公子大哥順利釣上第一隻南魷。

這下心花怒放，一連又釣上來幾隻。只是，魷魚可不管誰是公子大哥大而禁煙不噴，照樣的，一隻隻噴得公子無處躲身上斑斑點點，像小學生練毛筆字，身上的墨總是比紙上寫的還多。公子這下煩了，大聲問金生：「金生桑，這、這如何避免類似……」還夾著日語講，顯示自己是受過教育的高尚人。

金生一臉嚴肅如舵手如導師，一副難得公子肯請教這粗鄙討海人而知恩感激的狗腿態度，大家眼睛大大顆看向金生，如何金生變成這樣？意思大有責備金生何必如此搖尾討好。

金生慎重回答說：「沒什麼辦法避免黑煙咧，但是……」

「但是什麼？快告訴我，這黑煙討厭類似。」

「這、這……」今生有所猶豫，一手摸著下巴輕輕撫著。

「心拜（擔心）不用，金生桑，你就大方說出來類似。」

「這、這只是聽人說的，是聽人說的不曉得有效無效……是這樣的，聽說把釣上來的魷魚頭對準自己的嘴，用力張大嘴哈一口氣，像在哈寄生蟹一樣，熱熱哈他一口氣，聽說……聽說這樣就不會噴黑煙……」

「哦——聽起來有道理類似。」

「應該是吧，只是聽說而已……」

「來就卜（妥當），哇打系來試試類似。」

說話間，公子手一扯，又一隻南魷來抱他的餌。上鉤這隻看起來不小，公子彎下腰細細扯、細細扯……好不容易拉到船邊……

哇——將近一尺長手臂粗的大南魷，看公子小心提上來，什麼事都還沒做，兩手匆匆便握住這隻大南魷頭胸部，南魷觸手像花開好幾瓣四周垂散下來，露出南魷花蕊樣的嘴……沒怎麼遲疑，公子一臉貼近，大大口近距離朝這隻大南魷嘴裡哈了一口氣……

「不夠，不夠……」金生一邊說、一邊側身閃躲……

只見那公子深吸了口氣，再次重重哈了牠一口熱臭氣……

啊！這兩口臭嘴熱氣哈得實在靠近。

看那隻大南魷似乎中毒痙攣全身抖顫……相信沒幾種動物受得了這般對待。

「咕滋」、「咕滋」、「咕滋」！連著三聲脆響。

這隻大南魷實在是受不了，一連氣喘似的噴了三大口稠墨黑汁。

臉就湊在魷魚嘴前，那根本沒處閃、無處躲。

公子傻白的臉，可以這麼說，那是一滴不漏完全收受承接南魷這三口連環散彈炮。

黑臉看過嗎？

一張臉只剩兩個眼白眨不停，公子悽慘整個人變了型走了樣。一口黑煙已經夠受的，竟然三口一層層、準準準、灑噴疊敷上去。

那頭髮、那耳根、那胸口……烏墨汁還汩汩往下漫流……
這下子，就是三顆肥皂來洗也洗不回原來的樣子。
何況，船上也沒多少淡水好洗。
金生「啊！啊！」一旁想幫什麼，但只是聲援又能幫什麼……
看到這一幕，大家心底痛快，暗地裡偷偷地笑、偷偷地佩服金生。

烏腳西南

「烏腳西南」用閩南話來唸，並且唸得很快的話，聽起來像是日語發音的某個地名。

五月下旬那天，西南氣流強盛，岸上落著陣陣豪雨，一下子陽光乍現、一下子大雨滂沱，我們在碼頭邊候了一陣子。時晴時雨，看海面盡是白浪滔滔，金生船長判斷這天無法出海工作。於是，我們決定開車離開後壁湖港，趁海況不佳這天赴東港整補些船上用品。

車子過了車城，後灣海岸弧線在左側車窗上迤邐開展，海灣外，一틀틀綿密烏雲序列海上低空懸著，走著，濛濛雨霧從烏雲底懸垂飄落海面，像髮絲垂簾、像一틀틀大水母懸揚著牠們的觸腳東北向濁重行走白濤海面。

這時，坐在我身側的金生船長抬起手臂指著海灣說：「吶！烏腳西南。」

金生船長通曉日語，當時我以為他在介紹後灣某處的日文地名。

「OKA——什麼？」我問。

「OKA？是——烏—腳—西—南！」金生船長特別加重了「腳」字的語氣作了說明。

「喔！原來，原來這隨強盛西南氣流序列而來的雷雨雹叫作烏腳西南。」

「什麼『包』？」換金生船長問我。

「沒什麼，就烏腳西南這名字比較活，比較有生命……嗯，也比較好聽。」

回想去年端五那天，我和另一位老船長航行經過台灣尾西南海域，就是遇上了好幾頭這樣的烏腳西南。

車子繼續前行，那幾頭烏腳西南序列東北向撲上陸地，車輛迅即被雷雨包圍籠罩——當年海上折磨我們船隻的雷雨雹，如今，陰魂不散似的追上陸地來了。

一下子烏天暗地，車窗雨刷開到最高速仍然負擔沉重咕嚕嚕響著，掃不完一下子落下來這麼多雨水。雷電隆隆響著，馬路上蒼茫一片，車子照樣穩定走著，只是不得不放下身段減慢了些速度。

沒什麼問題，畢竟陸地、海上兩個世界不同，不像海上遇著時得低聲下氣苦苦哀求。

車子風雨裡走了一段，金生船長終於釋然，他面露微笑說：「烏腳西南爬上陸地，怎麼如此而已？」

卷六

黑衫遊俠

牠們被統稱為「黑魚類」，有的和善、有的暴躁、有的活潑、有的陰沈，但都具備殺手的特質。

遊俠

曾經風靡一時的殺手電影，還記得嗎？亞蘭德倫或其他殺手演員，個個都冷酷帥氣得不得了。他們神情孤傲，態度冷靜，經常一身披風黑衣，來去風一樣的飄逸瀟灑。

你可曾注意到，生活周遭形形色色千百人當中，總有少數幾個像電影殺手那樣的人（當然，他們不一定是殺手），他們只是性格孤僻。

他們多種多樣，他們有些人生活態度懶散不拘小節，他們隨處躺、隨處臥，天塌下來也與他們無干似的；有些人沉默安靜，悶得像個密封的葫蘆；有些則動能十足難以捉摸，來如影、去如風……他們性格孤僻，行止神秘，喜歡身著黑衣……他們有著獨特而難以被理解的思維及生活形式……這些人是城市裡的遊俠。

有些人喜歡獨來獨往四處旅行，無論他們選擇人群擁擠或人煙荒涼的地方作為旅行目標地，最後總是這樣，他們會有意無意在心境上都已漸漸在人群裡隱形，漸漸遠離人世趨向於寂靜……他們是漂泊於陸地的遊俠。

有些人喜歡航海，喜歡的程度甚至到放棄陸地上的所有，一心投入海洋，甘心在海上浮泛漂泊。若是問這些人為什麼喜歡航海，有些可能會說：「喜歡冒險，喜歡嘗試不同領域的生活。」有的則會說：「喜歡遠離陸地，喜歡大海中那遼闊孤絕的感覺。」……這些人是海上遊俠。

大洋裡的黑衫遊俠

大洋裡也有遊俠。

牠們住在海水裡、牠們都身著黑衫、牠們居無定所行蹤神秘、牠們活動範圍廣闊甚至遍及全球各大洋。

地球表面海洋面積佔了十分之七，「流浪」和「漂泊」四個字都從「水」字邊，想想看，牠們是生活在我們難以想像的沉藍廣闊世界裡。這些大洋裡的遊俠，牠們在四處任我行的浩瀚大洋裡自在悠遊。

這些黑衫遊俠們在大洋裡流浪漂泊，大多數的牠們看不出來有固定的或季節性的遷徙行為，牠們有著謎一樣的行蹤……生物學家對牠們的了解並不多，甚至，大部份的黑衫遊俠們被人類在海上看到的次數也不多。

牠們是鯨類的一個家族。牠們被生物學家及漁人歸納統稱為「黑魚類」或「黑鯨類」——

小虎鯨、領航鯨、瓜頭鯨、偽虎鯨及虎鯨。

若將黑衫遊俠們的行為特質和其牠鯨類作比較的話，牠們算是個性十足——獵性冷靜、殘忍——牠們大都具備殺手特質。牠們的每一種都具有難以被理解的行為模式，像陸地遊俠一樣，牠們各具特色，呈現多種不同的面貌，有的和善、有的暴躁、有的活潑、有的陰沉。牠們身材大小懸殊，有的像巨人龐碩、有的像精靈小巧、有的體態飽滿、有的修長苗條。

和陸地遊俠比較不同的是，牠們群體性很強，不常獨來獨往。牠們個體間合作狩獵，一起遊戲，一起生活，群體所形成的默契和效率，很少生物能夠和牠們比擬。

一如牠們神秘難以被理解的性格，大部份的牠們都有過集體擱淺記錄——一起衝上海岸，集體在海灘上死去——想想看，那是多麼錯愕驚心的場景——牠們一根根、一條條、擁擠成一堆死在灘岸上——那場景、那模樣，讓人覺得牠們是甘心如此尋死。沒有人明白為什麼？

這些大洋中的黑衫遊俠們，牠們到底如何看待嚴肅的生死問題？是否牠們已經仔細思考並認同「同生共死」的真義？

生物學上，牠們都被編列屬於齒鯨亞目下的海豚科，而且，無論體形大小，牠們都以「鯨」字被命名。牠們的俗稱、暱稱不少，各種各樣的稱謂在漁人間，在生物學家口中普遍流傳——殺手鯨、殺人鯨、逆戟鯨、鍋頭鯨、小殺手鯨、小殺人鯨、小逆戟鯨、王鯃、烏鯃、烏牛——由這些大致殺氣騰騰、勇猛非常的稱呼看來，牠們在大洋中、在海洋生態圈裡是相當具有份量的殺手。

容許我用「大洋中的遊俠——黑衫五劍客」來介紹牠們。

黑衫五劍客

二〇〇〇年，因緣於執行「墾丁國家公園鄰近海域鯨豚類生物調查研究計畫」，我得以分別見著了大洋中的遊俠們……黑衫五劍客。

過去三年多來，是曾經在花蓮海域見過虎鯨、偽虎鯨、瓜頭鯨和領航鯨，少了小虎鯨這個家族成員。二〇〇〇年，趕在二十世紀末這一年，我們在台灣尾海域遇見了小虎鯨、瓜頭鯨、領航鯨和偽虎鯨。

這一年過後，我對於鯨類的經驗版圖終於拼湊形成了「大洋中的黑衫遊俠」這完整的概念。

這個概念不停的在我腦子裡盤桓，並不是像集物雅癖終於完整了收集而感覺歡喜。我對牠們的好奇遠大於喜悅。對這些大洋中的冷酷生命，我常常想，牠們心境孤獨嗎？或者，牠們只是因為維生條件而不得不異樣如此？或者，牠們有不被我們了解的神秘原因而造就牠們特異的海洋族群文化?

這恐怕是永遠無解的疑惑。

牠們遊俠性格的成形是否和人類遊俠的情境類似……當一個人能夠在心境上脫離現實規範悠遊人間，那麼，他的形體和行為也就能超越種種限制而自由自在。我想到有句話這麼說：「寬闊你的胸襟，就能頂風直上九霄。」

是否這些大洋中的黑衫遊俠們，牠們的心境已然灑脫如此?

相對於人類的渺小和有限，海洋的確寬廣無限，我想，人類即使窮一輩子的時間和精力，恐怕也無法能夠透徹理解海洋。對海洋裡這些遊俠們的特殊行為，目前看來，能夠經由科學方法來實驗證明的恐怕也不多。

也好，留一些空間讓我們的想像來填補。

墾丁計畫在台灣尾海域見著了黑衫五劍客中的四劍客，僅僅虎鯨遺憾無緣相見。並不是沒有，我相信只是因緣差錯……墾丁的捕鯨歷史照片中，就有一頭被捕獲橫躺在岸上的虎鯨。黑衫五劍客們的行蹤飄忽不定，台灣尾如此錯綜複雜的海域環境，我相信這裡會是遊俠們喜歡遊晃的場所之一。

黑衫五劍客之一——小虎鯨

小虎鯨體形不大，和一般小海豚差不多大小，成體不過一七〇公斤重，身長不過二・六公尺。和遊俠們的大哥大——虎鯨——相比的話，體重比僅僅一比五十三。算小朋友一個。

但是，繼承虎鯨的殺手之名，牠們被叫作「小虎鯨——小殺人鯨」，這小子似乎是「白步鞋」（bad boy），不是太討人喜歡的善類。

身材比牠們壯碩的鯨種多的是，究竟何德何能，牠們如此血腥惡名。

書本上記載的一些資料，或許能幫助我們歸納出一些端倪——小虎鯨脾氣暴躁，掠食性高，在豢養的水池子裡曾經對同池子的其牠海豚及工作人員有過攻擊行為；牠們甚少在野外被看到過，即使看到，也難以靠近，牠們會迴避船隻；牠們的食物有魷魚、魚，或者海獅和海豹；當然，牠們有一口尖銳的利牙。

如此而已，牠們的惡形惡狀不過如此而已。

遇見牠們這天，是盛夏酷暑七月下旬。墾丁海域的太陽在這個月份是又毒又辣，大家曉得，這一天，可說是盛夏酷暑中的經典天候。

海面一絲風也沒有，大片海洋像果凍一樣膠黏住了，從甲板放眼看去，那大片大片和緩的湧伏，感覺像是大塊果凍輕柔的——晃——呀——晃——一點都不像是海洋平日的波波漾漾。這風平浪靜下的航行，炎陽曬得人昏沉沉的，感覺可真像是深沉夢裡無止境的飛翔。

四周靜悄悄的，遠處鷗鳥的輕聲鳴啼，滑溜過如鏡的水面，清楚響在舷側。海面幾乎容不下絲毫微波動靜。那性子倉促耐不住稍稍停頓一下的鰹魚群，只不過細迴輕擾了一下水紋，海面浪蕩起的細紋漣漪，就像一圈圈疙瘩粗暴的印落在少女吹彈將破的皮膚上。

這款天候海況，連平時最躁急的飛魚們都有了自覺而相當節制，當船隻將要壓過牠們時，迫不得已，牠們才匆匆振翅飛起……又好像恐怕騷擾了海面難得的寧靜，意思意思零星飛個幾公尺便又輕身落回水面。

視野可真好！以船身為中心幾近兩海里圓周水域，都在我們有效的監視範圍內。水面上的任何動靜，哪怕只是一朵小小水花，可能都逃不過我們船舷上搜索的眼光。

大約在早上十點鐘左右，就算是已經看到牠們了。這時，我們船隻的位置在貓鼻頭正西，離岸約一五浬，水深將近八百公尺。發現牠們時，船隻與牠們還相隔一段距離遙遠。透過望遠鏡觀察，牠們不過是幾根狀似背鰭的突露物，動也不動的，浮出在遠處平攤攤的海面上。

這時，因為距離遙遠，我們還不確定那可能會是什麼——一堆漂浮的垃圾？也有可能是一小群休息中的海豚？——這款什麼都沉甸甸，什麼都平攤攤的果凍海，很難刺激我們有太多的想像。

出海的樂趣之一就是有所期待。這一天，可能是和緩柔滯的氣氛讓我們變得遲鈍，我們忽略了船隻一旦出航就擁有了無限的可能和無窮的期待。

若早知道是小虎鯨的話，我們應該會催點馬力趕緊過去瞧瞧。但這時候，彷彿一切都被膠黏住了，包括時間在內。船隻溫溫吞吞朝目標物悠閒趨近，一點都不像平日我們發現可疑目標後的亢奮躁進。

我們還一邊搜索目標物以外的海面，似乎我們還不想把那群小虎鯨看在眼裡。「發現其牠什麼都好，」我這樣告訴自己：「什麼都好……只要能夠打破這膠著狀態的什麼都好。」

一切都太沉靜了，現實我們需要的可能是一點動態的、一點激情的影像與期望。這時候，一朵突起乍響的浪花可能都會比幾根靜悄悄的背鰭更吸引我們的興趣。

這一天的海洋讓我們覺得悠閒、空曠和寂寥。

從發現目標後船隻又走了至少三十分鐘，目標物一樣毫無生命跡象的浮著。這時的海面真像是一大片蒼蠅紙，而那些突露水面的背鰭是死氣沉沉的被膠黏在上頭的蒼蠅。

船隻漸漸靠近到距離目標物兩百公尺範圍內，這樣的距離沒什麼差錯的空間——是一群海豚沒錯！是一群浮在海面曬太陽休息的海豚！

說起來好笑，我們一開始根據背鰭形狀判斷牠們是花紋海豚……靠近到五十公尺時，發現牠們身上沒有花紋……我們改口說是瓶鼻海豚……直到牠們警覺到船隻靠近活轉起來開始游動，我們又發現牠們沒有嘴尖——牠們也不是瓶鼻海豚。

之後，船隻一陣周旋靠近牠們到二十公尺內，我們只能辨知是黑鯨類，無法確認牠們的身份。

還好牠們沒有如書上所說的躲避船隻，牠們都在船隻四周小距離挪移換位，大約十六隻的一個家族。這樣亮麗的陽光下，牠們皮膚沾水反光，烏嘛嘛油亮亮的，看起來真像一根根光滑帶有彈性的黑色橡皮棒。

對應船隻的趨近，牠們看似猶疑徐徐緩緩做小動作游移——我們這裡來，牠們那裡去——頭臉也不稍稍露出水面我們瞧瞧。牠們有效保住了牠們的神秘，真是的，完全不理會我們因為辨認不出牠們而讓船隻不停的盤轉。

牠們警覺、俐落、執拗……算是難搞定的一群，但一點也不覺得牠們是暴躁的、壞脾氣的。若真是壞脾氣的話，牠們不會如此算是相當耐性的陪著我們周旋。也許是難得這款果凍海吧，所有的壞脾氣也都不由自主的風平浪靜起來。

儘管如此，僵局持續盤旋，牠們審慎的和我們僵持，保持二十公尺距離，不讓我們逾越這一道無形的界線。盤轉間，相當清楚的感覺，那埋藏在水面下的一對對眼睛，如此犀利閃晃，牠們是冷靜的在觀察我們。這一刻，牠們了解我們一定比我們了解牠們還多——我們裸露在空氣裡，裸露在牠們銳利的視野裡，而牠們半埋半藏，僅僅噴氣孔連到背鰭的一道削弱背脊浮露水面，海水是牠們的被衾、牠們的遮臉巾，海水是牠們用來遮遮掩掩的屏幕。

看得出來，牠們有意不搭理我們，而又像頑童般忍不住對我們好奇。我們是極度客氣、極度耐心的一次又一次嘗試著做更進一步的接觸，船長將油門桿退到底，船隻以和緩優柔的怠速，一次又一次，我們輕敲牠的心門。

「讓我們看看嘛，好不好，來！讓我們拍個照……」隨船隻盤轉我心裡叨唸著。牠們可真像是一群不安份的頑童或一群害羞的少女。

牠們裡頭的一個小伙子，終於受不了我們針黹刺繡般有恆的細心與耐心——牠衝過來了！

我們出航到現在，一整天都在期待這種打破僵局的激情畫面。

似一顆流星，這個小伙子側身快速旁切過我們左前舷。除了尾柄部彈力搧擺，牠的姿態僵硬，全身繃緊像一顆抱緊胸鰭的炮彈，牠匆匆滑過我們的左前舷。

這一剎那，就這一剎那牠們執拗堅持著的神秘一下子洩底了！時間雖然那麼短促，夠了！我們是終於得到間隙看清楚了——魯鈍方稜的頭形，白色的嘴線，壯碩的頭胸部。

「啊！小虎鯨！」

很可笑的，這聲呼喊是在看見牠們將近兩個小時以後，才嘆氣一樣的呼喊出牠們的名字來，創下我們海上辨識鯨種最慢的一次記錄。

別怪我們久久才認出牠們，我們在花蓮海域航行不少年，就是沒見過小虎鯨。牠們在宜蘭海域、台東海域都曾經被看到過……花蓮海岸邊是看過擱淺死掉的一頭雄性小虎鯨……但生與死的異樣就像陸地與海洋的差別，往往呈現的是兩種截然不同的面貌。

確認牠們後，來不及歡喜，趕緊做記錄、拍照、觀察……怕牠們就要離去。

牠們沒有離去。那個小伙子率先衝近船邊後，好像衝開了我們之間彼此生疏間隔的樊籬，船隻得以和牠們拉進到十五公尺距離。牠們又分別好幾次像是前來致意般，一隻隻輪流滑切到我們船邊。總是沒逗留太久，都是弧線流星樣切擦過船身後，又回去群體裡繼續保持十五公尺間隔。

情勢逐漸開朗，接下來就將進入互動培養感情的階段。我們知道千萬猴急不得，那得有足夠的時間，來互相信任、來釋放善意、來培養感情、來拉攏彼此間一寸、一寸的距離。時間已經是下午一點鐘了，我們相處的時間並不寬裕。

這時，船長喊說：「夠了，夠了，再搏糊（培養）下去就沒時間吃飯了。」

退掉離合器，船長讓船隻打橫停泊下來。船長從塔台下來在甲板上準備煮中飯。

船舷下海流緩緩，我們漸漸往南漂移。

牠們竟然沒有離開的意思，精確一點說，牠們是跟著船隻過來。而且，逗留在我們船隻附近將近四十分鐘之久。有一隻還翻身睡醒伸懶腰似的將圓鈍的胸鰭伸出水面——牠們終於不再吝嗇牠們的神秘。

船長一邊炒菜，一邊轉頭看牠們說：「ㄟ！搏感情、做朋友啊，還捨不得走。」

一會兒後，爐灶鍋底飄上來陣陣菜香，船長又一次看著舷外的牠們笑著說：「我看是炒得太香了……」

下午起了點風，高空中的白雲拖成遊絲，船長說：「回去嘍！天氣要變了。」

水面油亮亮，天空白雲牽絲，船長說，那是壞天氣的預兆。

上岸後，果然起了北風。

翻了圖鑑比對印象裡的牠們，書上說，牠們喜歡溫暖深邃的海水；牠們喜歡在陽光下漂浮、休息；牠們通常不願意靠岸太近。

黑衫五劍客之二——領航鯨

遊俠有好幾種面貌，其中有一種懶散不拘小節的，我們常常戲稱這種人為「痞子」。

痞子們的生活態度慵懶，但是無害，彷彿這世間沒什麼事值得他們在意，也沒什麼事足以引起他們的興趣。他們是有模有樣就在那裡，但他們的心思顯然已經不在他們身上。他們只是一具空殼子在人間悠遊。

領航鯨就有這種痞子特質，牠們經常被看到平和、平靜的整群長時間浮在海面上……沒有動作、沒有聲息……彷彿並不真實存在。

領航鯨有長肢領航鯨和短肢領航鯨兩種。長肢領航鯨在冷水域生活，短肢領航鯨在溫熱水域出現。台灣海域屬溫熱水域，在台灣海域出現的是短肢領航鯨。兩者除了生活領域不同外，形體上最大的差別就是胸鰭長短不同。

相對於領航鯨懶洋洋的特質，領航鯨這名稱取得可真有趣，聽起來好像牠們在大洋裡扮演的角色是船長、是領航者，是一個帶領海洋世界走向未來的領導者。可是，當我在海上看過牠們的模樣後，我覺得，如果真讓牠們領航帶路的話，海洋世界將有可能被帶入一場醒不過來的夢裡。

也許，牠們曾經被看到過在船隻或大型鬚鯨的頭前乘浪，而被人類以領航者的美名稱呼。但是，許多種海豚也都喜歡做類似行為。看過一篇報導，科學家們認為，這種乘浪行為是牠們藉由大型物體推出的水流來做遊戲或搭便車，是一種節省體力的衝浪遊戲和行進行為。

領航鯨算是中型鯨，體形不小，身長可達七公尺，重達四〇〇〇公斤，也許就因為牠們的體形夠份量吧，無論這乘浪行為的本質是遊戲或是偷懶，以我們一般崇大鄙小的觀點，牠們就理所當然、莫名其妙的登上了領航者的寶座。

領航鯨和其他黑衫遊俠們的性格顯然不同，牠們溫吞、儒雅，甚至可以形容牠們是慵懶、憨傻的大個頭。

齒鯨亞目的鯨種，一般動作矯健，反應俐落，幾乎甚少有被船隻撞傷的記錄。前陣子，一位住在挪威的朋友寫信來說——當地報紙報導奧斯陸港外，一頭長肢領航鯨被貨輪撞成重傷。朋友寫信問我：「這算哪種鯨啊，怎麼這樣遲鈍？」

我回信說：「遲鈍？牠們可是領航者，可是大洋中的黑衫遊俠呢。」

和領航鯨的首次接觸經驗，似乎是注定了的，牠們合理該在這樣的情況下現身——雖然是第一次見面，和其他第一次見面的鯨種比較起來，我可是一點也不覺得終於見到面的興奮，甚至，我還覺得有些莞爾好笑。

那天，船隻還在碼頭邊準備出航，船上的無線話機就傳來海上船隻發現領航鯨的訊息。船隻出港後，船長將船頭直挺挺對準話機裡問來的方位，全速前進。我心裡已經有底，這種形式的接觸將毫不留情的剝奪了海上不期而遇的浪漫及喜悅。

大約四十分鐘航行後，牠們如預期的出現在海平面上。和無線話機裡得知的經緯度數值沒太大誤差。難以想像，這是什麼種鯨啊！四十分鐘牠們竟然沒怎麼移動位置。

那天浪湧不小，看牠們仍然靜悄悄一群遠遠浮在海面，隨波浪湧著、蕩著。

從船上看去，牠們只鼻孔到背鰭一小段浮露水面，點了點，約五〇數量的一個家族。牠們分成三個小組散佈在一百公尺直徑圓周範圍內，頭部全逆著水流朝向南方。

露出水面的大扇背鰭是牠們水面上的最大形體特徵。三個小組中各有大小、形狀不盡相同的背鰭。書本上說，牠們的背鰭有可能雌、雄不同，有可能成年和未成年也會有所不同。

哇！那背鰭真夠瞧的，每個小組中總有幾扇寬黑、厚壯的背鰭特別顯眼，而且，這些背鰭最大的特點是，牠們的背鰭不是往高處發展，而是橫向發展，甚至是誇張的向後拗彎超過九十度。

牠們和虎鯨是所有鯨類中擁有最特殊背鰭的兩種。兩者的背鰭來作比較的話，虎鯨的背鰭是高聳、尖突、巍顫顫的帶著幾分柔軟；領航鯨的則是寬厚、驃壯，給人硬邦邦的觀感。

我心裡響起一個有趣的連想——虎鯨的行為是亮麗的、好動的、積極的；領航鯨給人的感覺是沉靜的，慵懶的，無所謂的——是否牠們露出水面的背鰭，像一面解說牌，牠們已經透過背鰭標識、透露出牠們的性別、年齡、性情等個體基本資料。

看！綜看那三組領航鯨們，那錯落大扇的各樣背鰭，看起來真像是一組組不同大小的飛鏢平躺在淺水盤子裡。

其中一組有一頭的背鰭特別吸引我的眼光，牠的背鰭從根基部整個挫斷了，露出了背鰭裡頭與牠們外表皮膚顏色成強烈對比的蒼白肉脂。挫斷的背鰭倒向一邊，還連皮懸掛在背峰上，看起來覺得疼痛。我們猜想，最有可能是之前被過往船隻的螺旋槳打傷了。

看了這疼痛的畫面，船上一位朋友說：「喂！不要什麼都無所謂，稍稍有點警覺好不好？」

說歸說，當我們船隻靠近，牠們動也不動還是那副什麼都無所謂的模樣。

「怎麼這麼短？」船上的朋友一邊翻圖鑑一邊疑惑的說：「七公尺喂，怎麼看起來這麼短？」

的確也是，牠們看起來肥肥、滾滾、鈍鈍、短短，再加上大扇背鰭，水面上看起來的確是有點滑稽。若和其牠鯨種相比較的話，牠們可真像是粗短的手槍子彈，而其他鯨種比較像瘦長的步槍子彈。

當船隻靠近到牠們身邊，當我們的視線得以刺穿水面反光看透水面下牠們的整個身軀時，先前那滑稽好笑的感覺——「啊！」——隨著一聲驚訝硬是給吞回肚子裡去。牠們竟然有三分之二的身長是埋在海面下！

牠們是有點駝，牠們露出水面的部份不過才身上那堆駝峰而已——總共牠們出露水面的部份才佔整個身體比例不到二十分之一——再加上牠們的背鰭本來就長得與眾不同，而又怪誕的長在身體中點偏前，難怪水面上看起來，牠們都長得短胖、憨傻、怪模怪樣。

書本上說，牠們習常在夜間獵食，主要食物是魷魚。所以，白天經常被看到聚成一堆平浮著睡覺，又不太在意船隻靠近，給人慵懶和什麼都無所謂的「痞子」感覺。

來了！一群約莫四十隻的瓶鼻海豚從這群痞子的尾後方衝過來湊熱鬧。

瓶鼻海豚們的模樣好像是發現了什麼寶藏，海面敲鑼打鼓似的揚濺起大片水花衝了過來。

痞子們照樣無動無衷，那姿態擺明著是叨唸了這群瓶鼻海豚一句：「少無聊！」瓶鼻海豚們興沖沖過來，在牠們三組之間繞巡了一趟。像是熊熊烈火遇著了一團冰水，像是熱臉貼著了一堆冷屁股，瓶鼻海豚是遇著了三堵森冷無趣的黑色鐵板。

才一陣子周旋，瓶鼻海豚們像是被潑了冷水、岔了氣，自覺無趣的、敗興的……朝著南方空曠水域悄然落寞的離去。

記錄中牠們也曾粗暴，牠們曾經被看到過攻擊小海豚；也曾經將一個下海與牠們同游的研究人員叼拉到水面下二十多公尺深才鬆口放掉。是沒有造成傷害，應該只是教訓、警告的意思。聽說，這個受教訓的研究人員是不停的觸碰牠們才惹牠們動了氣。

來了！又來了一群弗氏海豚，這群更多，約一百多隻，從東邊海面興沖沖、熱鬧鬧的衝過來……

一樣是繞了兩圈，一樣是垂頭喪氣的悄悄離去。

我們一旁看了這一幕，雖然聽不見牠們在水裡頭對了什麼話，但從水面上的局勢不難想像水面下上演的戲碼。

「胖哥哥、胖姊姊我們來玩遊戲嘛。」弗氏海豚說。

「不要吵，沒看到在休息嗎。」黑衫痞子回答。

「好嘛，好嘛，難得見面就一起玩嘛。」

「少無聊！我沒冒犯你，別試著來冒犯我。」

終於，船邊一個小伙子好奇的將頭顱伸出水面作「窺視」動作……終於對船隻的靠近有了點基本反應……不過才那麼一下子時間，小伙子又悄悄沒入水面恢復了平躺的標準姿勢。

那小伙子伸出水面的頭顱多麼圓滾滾、亮晶晶、黑嘛嘛，像戴著一頂光面的烏黑鋼盔，像一只圓鍋覆在頭頂、像額隆頂著一顆黑色保齡球——難怪牠們會被叫作「大鍋頭」、「圓頭鯨」、「鋼盔帽」等。不止如此，牠的嘴線弧彎，像是始終輕啣著嘴唇，像是什麼事一直好笑。

沒看到牠的眼睛，我想，這樣的表情理所當然是笑瞇了眼。

聽說牠們要下潛獵食時，媽媽會將潛不下去的幼鯨託付給阿嬤級的老母鯨照顧，當然，母鯨下潛獵食後會抓上來魷魚當作褓姆費。

看牠們如此溫吞、慵懶，直覺以為海洋對牠們而言應該是太寬太廣了——牠們的活動範圍可能不會太大。

八月，工作船船長趁工作空檔到蘭嶼海域捕魚，回程時他們在蘭嶼和台灣尾之間遇見一群領航鯨。船長形容牠們說：「大約五十隻，在海面睡覺，ㄟ！其中有一隻大的背鰭斷掉……」

九月，工作船在台灣尾西側離岸約三十浬，水深一千公尺處遇見領航鯨群，族群數一樣約五十個個體，其中有一頭一樣斷了背鰭。傷口已經癒合，折斷的背鰭已經脫落，看不出白蒼蒼的斷痕。

我們懷疑這三次遇見的是同一個黑衫痞子家族。

黑衫五劍客之三——瓜頭鯨

瓜頭鯨是遊俠裡的小個頭，身形比較細瘦，形體特徵幾乎和小虎鯨一模一樣，分佈的海域也幾近和小虎鯨重疊。一樣神秘，一樣很少在海上被看到。

何其幸運，我兩次在海上遇見牠們。

第一次遇見瓜頭鯨純然是個意外。

那天，我們船隻在一大群花紋海豚間穿梭——大家族的花紋海豚常常以小組隊形出現，一

個小組約五 到二十個個體組成，小組間保持距離，散佈在寬廣海域裡，整體同一個方向游進——那真是一個大家族！我倚著船欄站立，幾乎數浬外仍看得見牠們家族其牠小組跳躍游進時激昂起的朵朵浪花。

當時，船隻是隨興跟隨著這群花紋海豚一起往南方航行，時間接近中午，陽光熾熱，與這群花紋海豚接觸已經超過了一個多小時，我們正打算返頭往北，尋找新的目標。

這時，船身稍稍右旋正要轉身離開，我們發現另個小組從船隻右後舷跟上來。船長立刻緩了緩船速，想讓這組花紋海豚通過後，我們再大弧迴轉。

這衝過來的小組大約有二十個個體，直刺刺過來，直指著船隻正右舷。

「真是的，也不曉得稍稍側些角度，幹嘛頂著船身衝過來。」我心裡想。

「ㄟ——」甲板上發出了一聲疑惑……

「ㄟ——」有人眼尖，瞧出了蹊蹺……

以為衝過來的是花紋海豚，船隻原本禮讓要讓牠們先過去的。俗話說——來者不善，善者不來——牠們是自投羅網過來，真是得來全不費工夫。

果然，牠們體色周身棕黑，有異於花紋海豚的斑白體色，身形也略小於花紋海豚。

牠們臨近舷邊時側轉推向船頭……俐落在船頭邊再次側轉，恢復原來行徑……跟上了大群花紋海豚。

船長及時將右舵左旋，稍稍添了油門，船身海面晃顛兩下，尾隨跟上船頭黑嘛嘛這一小群異類。

「牠們是誰?牠們藏身在花紋海豚家族中的目的何在?花紋海豚又為何允許異族侵入牠們的家族隊伍中?」一連串的疑問跟著領在船頭前的牠們一起前進。

顯然，牠們是知道船隻跟上來了!一個大弧迴轉，牠們將近一百八十度迴頭逆轉，朝北邊游去。

這群鬼靈精，牠們的間諜身份可能因為我們的跟隨而曝光了，所以轉頭想要逃跑……我心裡想。

船隻當然隨著迴轉跟上，未辨明間諜的身份前沒有撒手放棄的道理。

沒想到，迴轉不過幾秒鐘，牠們再度一百八十度弧轉……又回頭來跟上花紋海豚。

船隻尾隨牠們在海面上劃下的兩個半圈，剛好合成一個大圓再度轉折朝南。

「想擺脫我們?沒那麼容易!」

牠們不停的重複弧轉的動作，好像牠們滿腦子都是圓圈，一想到要轉，牠們互相約好，毫不遲疑、毫無預警的彎身就轉，而且每次都是一百八十度加一百八十度，剛好三百六十度轉個圓滿的圈。

一圈、兩圈、三圈……牠們帶著船隻在海面上繞圈圈……越繞越近，我們越來越清楚的接近這群鬼靈精。

繞第四圈時，「瓜頭鯨！瓜頭鯨！」終於喊出這群間諜的名字。

很好笑的名字喔，瓜頭鯨，聽起來真不結實的感覺。西瓜、南瓜、冬瓜、胡瓜……牠們到底是哪種瓜？

身體油油亮亮，身材瘦長，頭型三角錐……什麼瓜都不像……倒是轉起圈來真的很柔軟。

牠們知道了擺脫不了船隻的跟隨，軟起來，乾脆貼近來，全體來到船頭前乘浪。

牠們整群就在船頭下彈性蛇行……這樣近切的距離，我清楚看到了牠們那著名的瓜頭。瓜頭的確沒怎麼特別，倒是牠們的頸子好像長了彈簧一樣，一邊乘浪牠們一邊左右各三十度角咕嚕嚕轉動著牠們的瓜頭。

來我們船艏下乘過浪的鯨種不少，沒看到過頭顱這樣軟這樣轉的。

正午的陽光直曬海面，反射的亮熾相當刺眼，好像恐怕我們同個角度專注看牠們太久對眼睛不好，乘浪一陣子後，牠們一個轉頭，牠們群隊很有默契的同時變換角度，帶我們又來海面畫圈圈。

五圈、六圈、七圈……牠們真喜歡畫圈圈……

我終於體會到「瓜頭鯨」這個名稱的新解——牠們會在海上畫瓜瓜。

牠們又被叫作小殺人鯨、小殺手鯨，繼承了虎鯨獵性凶悍的惡名。

這凶狠的稱呼，對牠們而言可能相當無辜——牠們沒有惡形惡狀的不良記錄。別說虎鯨，牠們比小虎鯨，比偽虎鯨都客氣溫和許多。虎鯨、小虎鯨、偽虎鯨都有攻擊其牠海洋哺乳動物的記錄，黑衫遊俠五劍客中，只有溫吞、慵懶的領航鯨和瓜頭鯨客氣的僅僅吃魚或魷魚。

那又為什麼獨獨牠們被叫作小殺人鯨？

翻了許多參考書，讀了一些資料，我發現，唯一的理由可能是——牠們的牙齒特別多。

牠們的牙齒總共將近一百顆，高出所有遊俠們將近一倍。

與牠們相處過後，看牠們與船隻相處的柔軟態度，真想為牠們講句公道話——「牙齒多有罪啊？」

牠們經常大群體出現，不像我們首次相遇時那樣才二十隻的小群體。可能是當間諜不能太囂張。牠們也不常被看到隱藏在花紋海豚群隊中。資料中說，牠們不出現則已，一出現往往都上百隻，也曾經被看到過兩千隻一起出現的大家族。

牠們喜歡溫暖、深邃的海域，一樣不願意靠岸太近。

牠們出現在台灣尾西側海域，一百隻形成的隊伍，離岸約二十五海里，水深近一千公尺。

牠們常常集體擱淺，像一根根黑色木頭僵硬的集體死在海灘上。

黑衫五劍客之四——偽虎鯨

與其他黑衫家族們比較起來，偽虎鯨對活動海域的選擇並沒有太大潔癖，牠們可深可淺，可遠可近，因此，算不清多少次了，我們在台灣緣岸海域遇見牠們。

牠們聰明、陰狠，會從延繩釣漁繩中偷取漁獲，這還不要緊，若讓牠們有機會下口，整條漁繩哪管鉤掛了幾千門漁餌，鉤掛上幾百條魚獲，牠們是不會放過其中任何一門。牠們像是海洋的把關者，牠們搜索漁繩的態勢像是霸氣的對漁船說：「屬於海洋的，就得留在海洋！」

所以，漁民朋友們可說是痛恨牠們痛恨到甚至無辜波及所有大大小小的海豚。許多次了，漁民朋友們強烈呼籲開放補殺所有的海豚。

偽虎鯨們平時游得並不快，算是優雅自在，即使船隻靠近時，通常牠們也是有一搭沒一搭、愛理不理的姿態對應——反正你是你、我是我，你是陸地、我是海洋——沒多少干係似的。

一旦牠們開始獵食時，立刻轉了樣。那行為變化的反差對比，好像一個斯文人轉眼成了凶神惡煞。

有一次，我們在海上停泊，船邊款款游來一條雄性鬼頭刀魚。這條鬼頭刀不小，約莫有十公斤重，牠游得搖搖擺擺姿態不穩，像一只風底破敗將要摔落的風箏，像什麼事要來向我們訴苦。

鬼頭刀不該這副落魄德性，過去，多少次看過牠們攔浪彈躍，看過牠多麼自信的縱飛到空中噬咬躲避追擊張翅飛翔在空中的飛魚，看過牠們神采奕奕的在舷邊與船隻瞪上兩眼毫不畏怯——這次怎麼了？這次何以畏畏縮縮？

來了！追兵隨後來了！

是一頭年輕的偽虎鯨！

不是沒看過偽虎鯨獵殺鬼頭刀，那場面真像是一枚魚雷衝撞上一片枯葉——煙消雲散鬼頭刀立刻被撕裂成碎片。來到船邊的這條鬼頭刀，我想，說什麼也逃不過這場劫難了。

沒想到，這頭偽虎鯨並沒有展開攻擊，也沒有衝撞，牠悠游緩緩，漸步接近這條全身嚇得變了顏色的鬼頭刀。這條鬼頭刀顯然失了神，失去了求生意志。當然，在這頭黑衫殺手的跟監下，任何努力與掙扎都有可能是枉然的。

偽虎鯨游到鬼頭刀身側，沒有咬牠，在我們的注視下，這頭偽虎鯨似乎懂得稍稍虛偽假裝一下，碰都沒碰鬼頭刀一下，真的，一口都沒有咬牠。

偽虎鯨十分紳士淑女風度，優雅翩翩的領先游到鬼頭刀前頭——看起來不過是個意外不小心……牠用那即將離去的尾鰭，結結實實的搧了鬼頭刀一把！

「什麼把戲啊？」

鬼頭刀受了這一搧，經不住強勁水流盤轉，魚身失了衡被漩渦抓住沉沉往下拖……什麼時候不曉得，我們的注意力都受騙跟著那條鬼頭刀盤旋，那頭偽虎鯨不曉得什麼時候已神不知鬼不覺的潛下水裡。

多麼快的速度！就在這團漩渦還盤轉不定……多麼俐落！這頭偽虎鯨立著身子從海底垂直衝了上來！

張大了嘴，冒著牠的利牙，這頭偽虎鯨著著實實橫咬住鬼頭刀！

牠頭顱冒出水面，鼻孔「呼咻」一響，噴出大橐水霧。

「哇ㄠ——牠在表演吶！」

以為這場戲就此落幕了，獵者和獵物都盡了力。

「夠了，夠精彩了！」

這句話可能被牠聽到了，這頭黑衫殺手大方的接受喝采，然後，意猶未盡的竟然又把鬼頭刀從牠嘴裡放走。

虎口裡撿回來一條命，鬼頭刀像夢魘裡驚醒，沒命的逃竄游去。

牠一樣悠閒自若風度翩翩，兩下子又逼進到鬼頭刀身邊。

這次來點新把戲，牠翻過身，讓身體胸腹部淺淺滑到鬼頭刀下方，用胸前的白斑托住鬼頭刀，兩根胸鰭開展像個開敞的漏斗嘴。這下子，鬼頭刀在兩根胸鰭的護持下將無所遁逃的又將跌入另一場惡夢裡。

「哇ㄠ——牠把戲可真多！」

把戲耍不完，要看趁現在。

牠一下把鬼頭刀揹在背上、一下又把牠放在尾柄上……這時的鬼頭刀不再是牠的獵物，而是牠掌弄下的一只活玩具……牠又把鬼頭刀挑起到空中，一會兒，又把牠拖拉到水底……捉捉放放……像貓在玩弄牠到手的耗子，像惡童在凌虐一隻抓著的小蜥蜴……

至少半個小時，在船邊，在我們驚奇的眾目下，牠終於耍完了牠的一整套把戲。

這頭黑衫殺手在我們船邊玩弄牠的獵物，直到將這條倒楣的鬼頭刀凌虐至死，才甘心吃掉牠。

每年四到七月，是台灣尾海域雨傘旗魚的盛產期。

後壁湖漁民知道我們在海上尋鯨，他們說：「烏鰭（偽虎鯨）啊，四月時還在貓鼻頭西，五、六月後會跟著破雨傘（雨傘旗魚）來到鵝鑾鼻尾。」

「真厲害！」後壁湖港漁民接著陳述說：「一條破雨傘讓牠們碰到，兩三下就清潔溜溜。」

五月底，我們果然在鵝鑾鼻稍南海域碰到這群黑衫殺手。我們先是看到一條三、四十公斤份量的雨傘旗魚，受到驚嚇，不間斷的將近八十度仰角衝出海面；旗魚游速快，爆發力十足，又帶著一把劍，獵者得有相當能耐；我們接著看到一群黑衫殺手們紛紛散在獵物冒昂起的水花四周。一場殺戮即將展開。

船長催緊了油門跟過去觀戰。

那是戰鬥狀態下的黑衫殺手，從水面上牠們快速切換位置的情況看來，水面下的戰事想必是激烈的。夕陽煥照，火亮了水面光影，我們僅能從水面上觀戰——由牠們水面倉促的行為來想像水面下的戰況激烈。

突然，沒什麼預警的，牠們整群往東北東方位殺出去——是獵物突圍了嗎？還是牠們發現了新目標？

這陣衝殺相當急躁，牠們埋入水裡奮進，零零落落海面激蕩起小朵浪花，三三兩兩牠們躍浪全身飛衝海面……「啪嗒！」一波浪響……海面衝突拍撞出一樹燦爛渦漩水花——這是獵殺的衝突點——牠們在激戰當中。

船長用了最大的航速試圖緊隨牠們，但顯然是跟不上，牠們繼續衝在前頭，距離越拉越遠。這群高速度、高效率的黑衫殺手，天色昏黑前，牠們就已擺脫掉湊熱鬧觀戰的我們。

上岸後，比照海圖查對了剛才一路跟蹤記錄的資料——牠們的這場追獵竟然將我們帶出去將近十浬遠。

八月，在台灣尾東側出風鼻海域再度遇見牠們，牠們散成小組隊形，之間，我們發現有小群瓶鼻海豚與牠們同游。兩種海豚似乎和睦共處，整體隊伍大約以兩節速度順著台灣尾往南緩緩前進。

這是搜索隊形，牠們分成小組，小組間保持一定距離，地毯式搜索前進。船長將船隻滑進牠們隊伍裡，一起搜索南進。

好幾次我們看到其中一頭偽虎鯨不知哪裡叼回來一條鬼頭刀魚——聽說牠們懂得分享獵物——沒看到牠們有爭搶食物的行為，也沒看到牠們將獵物作口遞的行為。這並不容易，在我們眼裡牠們長得黑嘛嘛都同個模樣，再加上水面反射的光熾，到底被我們看到咬著魚的是否都是同一頭？或是已經傳來遞去，牠們分別都享用了鮮魚大餐？

一段同行後，牠們靠船漸近，好像已經看待我們是同游的伙伴。這時，我們覺得可以下水瞧瞧，幸運的話，也許可以看到水面下牠們分享鬼頭刀的畫面。

書本上讀過，偽虎鯨是少數研究人員不願意下水和牠們同游的鯨種之一，書上並沒有說明原因，可能因為牠們凶殘的獵食性？也可能因為牠們滿嘴利牙？另一個可能是牠們身材夠大，人體大小相當符合是牠們獵物的尺寸。

我們打算不離船太遠，就在舷邊水下作觀察。

套穿上蛙鏡、蛙腳，攀著舷邊垂掛的碰墊輪胎下水。一鬆手，身子呼嚕滑入水裡。水溫恰當，約二十六、七度，空氣裡酷暑盛夏，海水裡感覺如夏夜涼爽。眼前當下一片身體落水擾起的珍珠泡沫，還看不清水裡有些什麼……耳裡倒是「滴——滴——嗒、嗒」像許多台發報機同時在耳膜裡聒噪響亮。

那聲音是吟磨的、雜錯的、不間隙的——一陣陣綿長的敘敘噪噪。

牠們家族個體間不管互相看得到、看不到，聽起來，好像牠們全都一塊兒多方交談——牠們還真是多話——可惜我一句也聽不懂。

我想，有沒有可能牠們在討論——「這下水來的究竟是什麼？」

游了兩下，稍稍離開船身，水珠泡沫漸去漸散……終於看清楚了……水色淡青，水裡懸浮漂流著許多蜉游生物。

耳膜上一樣滴嗒聒噪響著，看不見牠們。「在哪裡呀，偽虎鯨……」我心裡問著，四下張望。就這一刻……就我心底響起牠們的名字的這一刻……一頭偽虎鯨正面與我近身照了個面。

牠沒多作停留，是連續動作，只像是回應我的問語匆匆照了個面，牠立即迴身往前方游去。牠的一身黑衫從水裡看來是灰綠色的，身型比船上看的感覺龐碩許多。

我不確定，真的不確定，如果牠就這麼盯住我不放，我到底會不會害怕？幸好，可能是長得並不怎麼好看，牠沒有多少遲疑，頭一歪，便選擇轉身離去。

是一頭母鯨，我看到了隨身在牠身邊的幼鯨。

根本來不及讓心底的驚悚生成，這頭母鯨不曉得是想到了什麼，又轉回頭來，好像是上個照面什麼話語忘了講，牠轉回頭，一邊跟著牠的小孩，牠若有所思、若有所圖的，牠轉回頭瞪住了我。也許海水裡和空氣裡的世界不同、時間不同，那一眼相看，可能不過短短幾秒鐘，但是我在水裡的感覺是持續有數分鐘之久。

最後，彷彿什麼事也沒發生，牠們再次轉頭離去……那感覺好像是牠終於確定了水下這個人長得並不怎麼樣……牠終於帶著牠的寶寶離開我的視線，留在我耳際的是一陣評語樣的滴嗒聒噪。

曾經有一次接到一個在媒體工作的朋友打電話來，說他們在海上遇到一群看起來和善的海豚，他們想下去拍照，問我意見如何。

我想都沒想立即回答：「不要！」

理由是——我有特權——我參與過三個研究計畫，與牠們相處已經四年，不是倚老賣老，我擁有某種感覺，說不上來那是什麼感覺？在每一次的水中對望，我都能夠感受到，我對待這種動物的心情能夠被牠們充分了解。

黑衫五劍客之五——虎鯨

虎鯨是黑衫遊俠中的大哥大，體型飽滿，行為亮麗搶眼，是海洋生態圈裡的頂級消費者，活動海域幾乎涵括了地球上的所有海洋。

海洋幽幽，四處任我行、任我悠游的俠士豪情，虎鯨都具備了。

和其他黑衫遊俠比較起來，雖然牠們眼邊的擬眼白斑及下巴與腹下的大片雪白相當與眾不同，但牠們的形體與行為，無疑的，牠們是黑衫五劍客的龍頭老大。

在海上遇見過牠們兩次，可以這樣形容，相遇時，牠們對待船隻的態度都像是茫茫大海中終於遇見了久違重逢的老朋友。

依戀的，大方的，毫不矜持的，牠們來到船邊……在船下鑽來鑽去，在船邊將牠們所有的特技功夫輪番演練一遍……牠們總是像天之驕子那麼輕易的吸引住了當下所有的心神焦點。

暈船的症狀也都暫時痊癒了，所有長期累積在心底的哀、愁、恩、怨，一骨碌全拋光了……牠們會讓人盡情的喊，盡興的把所有所有的情緒毫無保留的傾吐出來……管你是紳士或是淑女。

好像有這麼回事——見著牠們以後，有人這輩子再也離不開海洋，也有人因而改變了他們的人生方向。

牠們在船邊的所有行為、所有動作，約略用一句話來講，牠們是用肢體語言對我們說：

「歡迎到海上來！」

老大果然有老大的格調，玩歸玩，耍寶歸耍寶，牠們狩獵的本事可一點也不含糊。

我看過牠們向一群弗氏海豚衝殺過去；看過牠們使計誘剿一群熱帶斑海豚。這些水面下的征戰我們在船上無緣瞧得清楚。

記錄影片中曾看過，牠們衝向一團嚇作一堆像顆閃爍不定的黑球魚群，牠們用尾鰭往那顆蠕動的黑球搧去，這一搧，不少魚被擊昏了，漂漂搖搖被排出魚球外，牠們回頭撿拾，一一吞噬了這些昏了頭的魚。牠們先是打擊，然後回防接殺，攻擊和守備一起來，牠們是優秀的選手。看過牠們衝上灘岸，逆襲一群海獅；看過牠們將一頭擄掠的海豹當皮球在空中拋耍、凌虐……

好了！夠了！無論獵殺或嬉戲，當牠們認為該離去的時刻——沒有徵兆，毫不留情，突然間，像時空倏忽轉換了——牠們從船邊消逝得乾乾淨淨——沒有道別，不著痕跡——那感覺像一齣戲還在高潮就陡然落幕了；像一場戀愛以為還會綿延卻從此空虛了——下場的階梯被抽走了，心緒就這樣浮著、飄著，久久無法下來。

典型的遊俠。

最後

孤絕、漂泊、凶殘、陰沉……牠們是散逸在大洋裡的黑衫遊俠。

無論慵懶，亮麗，灰黯，憨厚——牠們似乎已超脫了牠們應該是什麼模樣、什麼規矩的界線——牠們無意消遙卻悠游自在。

大海幽幽，我想，大洋的寬闊才容得下牠們如此結伴徜徉。

卷九

海的性格

多年相處，我清楚的感覺到她是這領域的女王，主宰且導演著她懷抱裡的大小故事。

掌控生死的女王

海洋四處相連相通，幾年海上經驗後，我以為海洋大概就這樣子——永遠無法透徹瞭解她的生理或性格、永遠無法捉摸她的形體及脾氣——對我而言，海洋永遠是讓人敬畏及感覺陌生的。

現代科技提供了船舶越來越進步的航行器械及設備，氣象預報也提供了更精準的氣候、海況資訊……儘管如此，我還是認為，外在航海條件的進步並沒有稍稍排解我對海洋的陌生與畏怯。

的確很難摸著她的心，碰著她的思想和情緒。前前後後在海上也有十六年經驗了，實話實說，我並不了解海洋。

若以人類間的情愛相處來作比喻，海洋這個對象是可怕的。無論有意無意，她總是隱諱內斂她大部份的真實。即使如此，貼近在她的懷抱裡航行或生活，我也只能摸索感覺到她當下的面貌和表情而已。倘若未來我持續能有機會與海洋接觸、在海上航行、無論我將擁有多豐富的海洋經驗，我相信，我還是會對海洋永遠感覺陌生。

這是個無窮大和無限小的懸殊對比，多年相處，我清楚感覺到她是這個領域的女王，她主宰及導演她懷抱裡的大小故事。

在落山風的季節

來到墾丁台灣尾執行海上鯨類調查計畫初時，還是春寒料峭季節，低沉的東北季風，翻越台灣尾低峭的山脈吹成強勁著名的恆春落山風。這時節，從墾丁南灣遠眺台灣尾海域，總是一片白濤蒼蒼。

落山風季節，她習慣冷峻無情的拒絕任何的敲門聲。想要在這個季節航行出海，十次期待可能得落空九次半，耐心等待大概是唯一可能的辦法。

只好海岸邊、漁港裡到處走，一來感覺她的裙邊氣勢，二來拜訪當地老討海人探聽一下她在這裡的樣貌和脾氣。

老討海的總會說：「快了，卡耐心咧，這裡的夏天來得早，再幾天過去大概就能出海。」好像我是多麼的猴急，等不得她到初夏才來開門。

耐心等待的日子中，曾經好幾次感覺到落山風應該已經吹到了強弩之末，傍晚時分，我觀察到沿岸銀合歡葉梢被落山風折騰搖晃了一季後終於疲倦垂軟，該是要休息了吧。

機會終於被耐心等到，匆匆約了砂島小漁港的小船準備隔天出海。

心情振奮異常，天還沒亮就醒來，心裡想，這下她應該開了門吧……至少也該開了門縫……我是一廂情願這麼以為。

結果是船長打電話來，潑冷水似的說：「我看不行，還要再等。」

這才回頭查覺房間窗格子仍然受風一陣陣顫響著。

破曉的南灣，風的足跡毫不留情在海面掀踢著浪痕白濤，晨曦豔紅，煥照著她的臉頰，縱使天空已經擺脫了陰沉，她似乎也已褪脫下披了一季的灰色披風，漸層漸次露出她蔽遮了一季的海藍本色——我看見了她，但是，她的大門仍然迷離深鎖。

這個海域曾經豐美

問起鯨魚、海豚，當地老討海的說：「海尪喔，過去真多，也曾經捕過……現在哪裡找……海豬仔有是有，也要看流水……」

鯨類被看待是海洋生命現象的指標，老討海的這一句話雖然簡單，他可是在速描從過去到現在她折轉的健康情況。

再問到：「最近魚抓得好嗎？」回答更是簡潔明瞭，老討海的說：「啊，勿愛講！」

砂島小灣澳內，我看見老討海的膠筏下，隱在波底閃爍的港底白砂和礁塊。啊！這裡的海水真是乾淨！哪裡找這麼澄淨的海水？台灣我只在黑潮主流裡，或是在綠島、蘭嶼離岸小島看過。這是珊瑚礁海岸特有的水資產，或者說，珊瑚礁群是因緣於這樣乾淨的海水條件而存在。

這裡的她，像是清晨葉片上的露珠，也像是晨起洗過臉顏的少女。雖然還不能出海，四處走訪，意外發現了這裡的她還保持得如此素淨。

曾經不少次潛下水去探望她著名的珊瑚礁。的確，除了熱帶島嶼，我是沒看過如此爭奇競豔像豐盈盛開花園樣的珊瑚礁群。可惜魚不多，聽說被破壞了不少。

我還是能夠想像，她曾經選擇了讓台灣尾這個海域豐美。

我想像她是一個少女，手心捧起了墾丁這一渦水款步走到我的面前，裡面有珊瑚、有魚、有大鯨、有海豚……我能想像她過去的風華……不用講話，毋需多作介紹，那動作和姿態，她是想把過去的天生麗質無避諱的與我欣賞、與我感嘆。

不僅如此，她還去雕琢鼻岬，她將鵝鑾鼻和貓鼻頭雕琢得更具天涯海角的滄桑氣勢，再將雕琢剩餘的碎屑鋪成一段段迤邐柔緩的砂灘，最後，她把收集的細碎貝殼，紛紛灑在沙灘上。

我覺得她是一位陌生的少女——陌生而有魅力的少女。

別以為你看過很多魚、認識很多魚，到後壁湖漁市場走走，你將會看到不少形樣多變、色澤繽紛她懷裡曾經照顧著的魚。這些魚被漁人掠捕上岸擺在攤架上賣，這些魚，有可能你這輩子都不曾見過。

這裡的她無疑是豐美、豐沛的。當我靜靜的坐在墾丁岸緣，我能感受到她，感受到她想展現與我的、她想訴情與我的……

看過了這些、體會了這些以後，我知道，我必須出海去，讓心底這些美麗的觀感與疑惑，一一沉澱、一一證實。

還待在岸緣都已經能夠感受到她的豐美，我癡情的渴望能夠在她的懷抱裡更近切的與她相處。再長的等待我都願意。

此刻的她小巧、溫柔

風平浪靜的日子終於到來，豔陽熾熱曝曬著她藍淨的皮膚，飛魚成群像海面紛撒的花朵，鬼頭刀成群水面下伺伏等待，作勢就要衝破水面摘取繽紛熱鬧的花朵……打開關閉已久的門扉，她終於同意我的接觸。

這裡的她是不如台灣東岸海域高山大海的壯碩氣勢。台灣東岸那裡的她成熟、單純，船隻離岸越過沿岸流，再跨越過幾道二層流，短短離岸距離，船隻就進入了流速、流向穩定一致，海床上百、上千公尺深的黑潮流域。這裡的她袖珍、小巧、風貌多變。

船隻離開後壁湖港後，可以選擇橫過南灣繞過鵝鑾鼻進入台灣東側水色比較黝黑的黑潮流域；可以轉出貓鼻頭，接觸台灣海峽青藍水色的大陸沿岸流流域；或者，背著台灣陸地往南航行，很快的就能感受到巴士海峽流域飽含熱帶海洋氣息的海洋。

短短的航程、短短的時間，在台灣尾這裡她以三種不同的面貌來相款待。

越是接近海，越是對海陌生

航行的日子匆匆流轉，落山風已經遠去，盛夏季節，她任性揮灑她的熱情，那炙熱的太陽，纏黏的海風，多少亮麗的生命從她懷裡釋放來到我們舷邊。

有一次航行回程，船隻離岸漸近，夕陽斜照淌混了水面大片金亮。斜陽趴在陸地山嶺像一把雕刻刀剝析著岸緣山脈的稜稜褶褶。老船長一邊掌著舵，一邊看著陸地山脈，他感嘆的口吻說：「真是蕃薯。」

一時聽不懂他在說什麼，我轉頭問他：「什麼芋仔蕃薯？」

船長回過頭認真的解釋說：「看，這麼小小的一個地方，一下那裡坑、一下那裡凹，那坑坑刻刻根本就是一顆蕃薯，」停頓了一下，船長又說：「知否?海南島我年輕時抓魚去過，從海上看起來像圓圓的腳桶（大臉盆）倒扣；東沙我也去過，看起來扁扁像塊薄餅……世界走透透……只有台灣看起來像一顆蕃薯。」

我佇立在船欄邊細細思想船長的話，眼光回望岸緣山脈，台灣這個島嶼的蕃薯特質，從海上看去真是一覽無遺。

台灣尾這裡，妳將袖珍的一個區塊、一個區塊小巧玲瓏的顯現不同的生命現象——從貝殼沙灘、到岩礫海岸、到珊瑚礁塊海岸……不同等級的淺海到深海，錯綜複雜的各種洋流……在這裡妳都擁有。

這是台灣島的體質和特質——多種多樣——而妳又將這一切濃縮焦聚在台灣尾這裡。有些區塊妳像少女清純；有時，感覺妳是風韻成熟自信滿滿的少婦；又有些時，看妳騷首弄姿招來數百隻水薙鳥翔集海面，讓魚群水滾了樣水面熱鬧翻跳，讓白腹鰹鳥俯衝掠食水面展翅的飛魚，讓熱帶鳥從高空栽落海面搶食水中的魚隻，妳讓十四種鯨魚、海豚，約二十七種海鳥，在短短四十幾個調查航次中與我們在台灣尾海域見面……

我曉得，妳還曾經讓這片海域被大翅鯨家族選擇當作是牠們秋冬的休息場與繁殖場……我曉得還有無數的寶藏妳有所保留不願意一下子王牌盡出。這樣的相處已經夠了，我的容量有限無法一下子承受妳的所有。

這段相處，妳有時溫柔有時暴戾，妳把妳無可捉摸的性格濃縮在這個海域讓我接觸、讓我體驗、讓我開展生命視野。

儘管如此，當我做完計畫要離開台灣尾海域的這時，實話實說，妳還是讓我覺得陌生，覺得畏怯和懷疑。

透過妳豐美、袖珍而多樣的展現，在這陌生的領域中，我謹慎摸索到妳陌生的真義——當我越接觸妳，越接近妳，越覺得對妳的陌生。

卷十

海洋城市

我回到了我們的海洋城市——墾丁，

這裡什麼都有，就是缺乏對待海洋的心。

我在筆記本裡寫下「可惜」

清晨雨停了，風向由西南轉西，幾天來沒歇停過的豪雨終於緩轉下來。前幾天聽船長說，今年雨水多秋天會來得早。時序才仲夏末，幾陣滂沱豪雨過後，西風一吹，果然便有了幾分涼意。

清晨六點整搭客運車離開墾丁。

車窗外天色凝重，墾丁街道濕濡一窪窪水漬清冷。這一趟下來墾丁整整待了一個多月，遇上了一個颱風，及颱風過後引進的強盛西南氣流，這個月裏頭將近二十天風強浪大，大多時間被阻在岸上無法出海工作。墾丁海域鯨類調查工作已將近尾聲，這個月的「天時」似乎並不怎麼順遂。

客運車上只有我一位乘客，擴音器姚姚裊裊播放著不知名的情歌，車廂裡飄蕩著傷別離的息息哀怨。是將要暫且離開或者是歌聲感染了情緒吧，客運車一發動，心情便異樣地複雜了起來。

車輪子輾壓水漬，一路發出嗤嗤黏黏的碎響，滑過難得清冷的墾丁街道。在這個位於台灣尾的旁海小城長住了一段時日後，那山勢、那海灣、那暴漲暴落的遊客、那繁華喧鬧……有些歡喜、有些怨懟……別離前的這個剎那，沒想到的是，似乎對墾丁又旁生了些依戀情懷。

車子輕快走著，南灣一泓沙灘在路樹流動下遮遮掩掩的浮泛在車窗上。這時的海灣顯得清冷、寧靜。數日豪雨沖下來不少土泥，大片濁黃泥沙海域裡混沌懸浮著，隨拍岸浪濤湧湧攪攪，濁污了一灣的清朗本色。

我從背包裡拿出筆記本想寫些心情雜感，晃晃不定的車廂裡，腦子裡盤桓著的盡是墾丁生活的零碎雜影，不知從何寫起。

才一陣猶豫，車子轉過核三廠匆匆離開了墾丁。

這山海組構麗質天生的小城……恍惚間、晃動間……客運車離開墾丁後，我發現筆記本上只寫下了「可惜！」兩個字。

來來去去在墾丁住了將近一年，離去的前一刻——「可惜」——可是我對這個小城最終的喟嘆？

的確可惜！墾丁的天然條件可說是台灣島上最有可能成為獨具海洋特色的海洋小城。我想，如果我的眼睛有能力挑選、閃避及過濾的話，讓我逃避掉滯留眼底不協調的紛亂、過濾掉傷害我眼睛及傷害我心情的吵嚷與不安，剩下的，可能就會是賞心悅目的墾丁本色。可惜！我並沒有這樣的能力；可惜！來來去去出入墾丁的大多數人可能也並不曉得我們可惜了什麼。

可惜了一顆明珠如此蒙塵。

從貓鼻頭到鵝鑾鼻，短短不過八點五浬長的一個海灣。墾丁海灣這幾年來已然成為台灣島上海域活動的勝地——每個假日，一輛輛罐頭樣的遊覽車將滿車遊客們傾倒入這個小城。我看到小城瞬間變了味道，我看著小城剎那間膨脹變成一座大都會——各種發洩性、熱鬧性及聲色性的娛樂在這裡引爆絢爛，如一波海嘯敲鑼打鼓猛烈沖撞了墾丁岸緣……吵嚷、喧鬧、追逐、狂飆、刺激……遊客們是主景、是要角，這時墾丁的山和海都退卻成為這場喧鬧的襯景。天地都失了顏色，只剩下強強人為營造出來的山海氣息——藍天、青山、碧海都成為不過是巨幅廣告樣的招牌。

儘管台灣是個四面環海的大島，可惜我們並不親海，不理解海，如此狀況下，海禁一旦開放，我們的確也不懂得消費海。

水上摩托車在海灣裡吵鬧狂飆；香蕉船快艇灣裡衝浪顛簸，一個高速弧轉將遊客甩弄下海；遊客綁成一串長龍讓潛水教練拖拉著在水裡浮潛……我們似乎把久居城市堡壘的壓抑和不安全感全都帶進了海洋裡來發洩。

夜裡，墾丁街道儼然是個大夜市，遊客們逛夜市湊熱鬧，賣貝殼的、賣海產的、賣金針香菇的、賣油炸魯味的……這景象並不陌生……商家在店門口呼喚招攬。

紛亂、熱鬧、嘈嚷不安，我們最具代表性最有可能成就的海洋城市，並沒有學得大海安靜的氣質、沒有成就大海壯闊的氣度、沒有留下多少海洋悠閒浪漫的氣息。

如果你在假日裡想安靜的吹吹海風，或閒散的海灘散步，或安靜、安心的海水裡游泳、划船、衝浪……流些汗曬點太陽……抱歉！墾丁的假期似乎並不完整提供這類型的服務。

假期結束遊客散去，墾丁的原貌多麼安寧，墾丁的海洋多麼幽靜，墾丁的風味多麼純樸……可惜，我們粗俗地消費墾丁，我們正在把墾丁一把一捏雕塑成是個熱鬧的大都會城市……可惜了這麗質天生的海洋小城，她獨特的海洋韻味漸漸消散和失落。

客運車顛顛晃晃，傷別離的情歌一路吟唱著，連日的雨痕洗去了沿岸不少人為的滾滾煙塵，卻怎麼也抹不掉已然成型的濃妝艷抹。一股悠遠的鄉愁隨著歌聲在心頭隱隱現現。

一位長期旅居國外的朋友在一次返鄉後他說：「我們有回不去的家鄉。」

心頭再也聽不見陳達的恆春小調、再也看不到大翅鯨家族來到墾丁休息和繁衍；海豚逐漸遠離；魚隻零落難以成群；殘敗的珊瑚礁點點滴滴見證了幾十年、幾百年墾丁的興旺和失落。

如今，遊客是絡繹不絕的熱鬧了這個小城，當然，也為這個小城帶來了暴發性的商機。這些，究竟是得是失，我想，老一輩的墾丁人曉得。

太平洋這個池子裡……

飛機在半夜起飛，這趟行程得先在關島轉機停留一個小時，再繼續飛往夏威夷檀香山。同樣一池子海水，墾丁、關島和夏威夷都泡在太平洋這個大池子裡。

班機在關島降落時已經天亮，我在黎明晨曦裡鳥瞰這個太平洋小島。我看到海崖，看到岬角，看到弧泓的沙灘及灘岸上宏偉的飯店建築……這些墾丁都有……

轉機前，在機場落地窗灑下的晨光中，我讀著這個小島意圖介紹給遊客含帶海洋風味的旅遊摺頁。遊客們來來去去，似乎是害怕侵擾了清晨的寧靜，大家都安安靜靜的在晨光裡輕聲細語。機場大廳輕聲播放著玻里尼西亞原住民歌聲，歌聲輕輕綿綿，聽起來像似海面波折不絕的浪湧。我沒有踏出機場，但我聽到、聞到了這個海洋小島、海洋城市所流露的氣息。

我閉起眼假寐了一下，隨著耳際歌聲我再次回到空中，我看到了晨光拂照的這個小島，也看到了圍著這個島的澄藍海面，似醒似幻的夢境裡我像是長了翅膀，乘著浪柔的歌聲，我在小島的天空安靜的飛翔。

轉了念頭，我回味一下才離開一天的墾丁，我試著在記憶裡翻尋，試著努力想像在墾丁的天空裡翱翔。

海的魔力嗎？

飛抵檀香山是傍晚時分，斜陽依然亮麗。

機場內各國遊客都有，東方人比較拘謹，他們排成隊伍接受導遊人員的帶領；西方人則比較多是家庭式或小群體的組合。不管東方人或西方人，相同的是才下飛機的看起來都幾分憨傻，也許是長途飛行的後遺症，也或許是長期工作缺少渡假累積下來的僵硬和疲憊。相當容易辨認，渡完假準備離開的，紅通通的臉頰和手臂，明亮的眼眸，充滿陽光自信的談笑。這城市似乎存在著某種魔力，通過這個城市的洗滌後，屬於大都會的僵硬和煩躁似乎都得到了鬆綁和解脫。

陽光是關鍵嗎？海洋是關鍵嗎？這個城市提供的究竟是怎樣的魔力？

出了機場，我看到到處是花襯衫，到處是花朵繽紛。

午後，去一個火山口形成的海濱浮潛。

海水清冷，才入水一陣子便感到渾身哆嗦打顫，這海水哪裡比得上墾丁的溫暖。岸緣水底，我看到幾近枯乾顯然發育不良的珊瑚礁群，這哪能相比！墾丁的珊瑚礁雖然破壞了不少但還形形色色花采繽紛。可是，這裡魚群好像不長眼睛似的——看那藍綠花身的鸚哥魚，超過三十公分體長，不怕人的伴游在我身邊，像在啃鬆餅一樣，牠停下來啃咬那可憐的珊瑚礁頂，一陣碎屑鬆揚，窸窸窣窣，牠嚼咬的聲音清晰如在耳際；那烏魚群，密密麻麻擠在岸緣也不怕給人看到；那巴掌大的蝶魚翩翩翻身，不逃躲不害羞，盡情大方的展露牠們的風采；還有一隻綠蠵龜飛著燕子樣的翅膀在我身手可及的距離內悠游徜徉……這裡的魚不長眼睛似的，何以選擇了這看起來並不豐腴的海域棲身？

我在水裡移花接木的妄想，如果這裡的魚群配上墾丁的珊瑚礁，那麼，墾丁就會是一處完美的海洋花園——完整圓滿花團錦簇的海洋天堂。

這裡的魚不長眼睛失去了警覺，墾丁的魚是長了眼睛，但是，逃到無處逃，稍微長點肉就逃不過成為我們的盤中海鮮。

比較墾丁和這裡的觀光資源，我覺得不是魚長不長眼睛的問題，而是我們有沒有眼光的問題。

海洋島嶼，這裡當然也吃魚，餐廳裡吃的大都是鬼頭刀魚和雨傘旗魚，這兩種魚墾丁都有。不僅有，而且還多到算是賤價的魚種。我們的海鮮餐廳、海產店並不當這兩種魚是重要的海鮮。我們喜歡吃的是稀奇、珍貴且價格昂貴的魚種。

鬼頭刀在夏威夷叫Mahi-mahi，雨傘旗魚叫Wahu，這裡的人尊重這種魚，就像我們蘭嶼的達悟人尊重這兩種魚。同樣的魚種，何以在不同海域、不同島嶼，出現如此截然不同的價值？

我懷疑是否海洋民族才懂得尊重漁獲？

我覺得我們也應該是海洋民族才是。

去城市邊的一處沙灘游泳。

海水不僅不溫暖說什麼也沒有墾丁海水的乾淨，沙灘上人潮相當熱鬧，但是，氣氛顯然和墾丁有所不同。

城市高樓隔一條街在沙灘邊矗立，車潮一樣熱鬧就在高樓下流轉，在城市和沙灘間有一道帶狀公園，草皮、樹木隔開了城市的喧囂。穿越公園一進入沙灘像是越過了兩個不同空間的交界隧道，心情倏忽得到了緩轉。城市的確這麼靠近，難以想像，我曉得的，好幾家大賣場、好幾棟辦公大樓、好幾棟飯店就在海灘邊，步行的話頂多五分鐘間隔。這海灘和緊鄰的城市有著不可切割的一體感，但是，兩個空間又如此明顯的氣氛隔離。

這情況讓我想起一個常有的夢，我夢見坐在屋簷下看海，海潮湧來直達我的腳踝，我夢見坐在屋子的窗戶邊垂釣，耳裡充斥著潮浪不間斷的長吟。

這個城市像我的一場夢——和生活沒有距離的海洋。

沙灘上三三兩兩有人俯趴著曬太陽，有人仰著臉半坐半臥拿著書本閱讀，馬路上的車輛聲、城市的喧囂聲咫尺之遙都留在陸岸的另一側而感覺遙遠。這裡沒有激情，沒有狂飆衝動，沒有發洩式的玩樂。海面反射陽光波波金燦，遊客們游水的臂膀划著細波，擾起一褶褶一稜稜的金湯光影。

問起衝浪，當地人說，衝浪沙灘在城市的另一邊；他還說，我們選擇讓這裡是安靜的海灘。

海灘邊四處可見淡水沖浴設備，當地人說，除了用以沖掉身上的鹹水，也要把身上沾黏的沙留在海灘上。

這時，我又想起墾丁，無論浮潛、游泳、日光浴、水上摩托車、垂釣都在同一處海灘，有好幾次我還見到了張掛在海水浴場邊礁岩上的底刺網。墾丁的海灘是熱鬧的、繁複的、多面貌的。

離去的前一天晚上，參加了當地著名的原住民玻里尼西亞式的告別慶典——Lu'Au。

Lu'Au在一處面海的草地上舉行，傍晚時間，曬了一天太陽的海風從海面飄飄吹來，聞起來像衣服洗過肥皂曬了一天太陽的清爽，晚風裡滿是陽光的芬芳。夕陽已經西下，向晚紅霞飽滿映照在草地上的白幕餐棚上。場地四周點燃了火把，穿著花襯衫的三位吉他手宣示開場似的讓樂聲輕盈響起。

切切的吉他聲中悠遠的假音吟唱著響亮的玻里尼西亞海浪之歌。三位吉他手都是男性，兩位年輕人，一位中年人，他們都留著小鬍子。

歌聲有時合音，有時各自狂奔開來，但似乎又有所牽連……聽起來是隨興的，是不經過安排的……我聽見了島與島之間隔著海洋，他們隔海呼喚，他們綿綿隔岸傳達著熱帶男性的多情與溫柔。

場子邊，鋪了一方棕櫚葉編織的草蓆，我好奇過去看，沒想到被邀請脫了鞋子坐到草蓆上，一位中年婦女捧過來一籃子的鮮花給我，她遞給我一根長針和綿線，坐在草蓆上，她教我將花朵串成花環。歌聲在耳邊婉轉，花香在鼻頭溜轉，我聞到了晚風裡的海洋氣味。

這時，螺音響起，是真正的螺音，一位單肩披著紅袍古裝打扮的勇士將一顆大海螺舉在臉前，螺聲沉沉揚起，悠長的音量，那十足海一般的長氣才吹得響這樣的螺音。當螺聲尾音下垂時，以為就將終止，勇士舉起他的拳頭，優雅的，柔緩的，他把拳頭放進螺嘴裡，下垂的尾音得到他的拳助又再度高昂起來。一拳、兩拳……像綿綿的浪湧，波波不息。

這時天光全暗了，餐會開始，幾乎每位來賓都頸掛著自己親手編織的花環，也有遊客俏皮的把自己編織的花環圈頂在額頭上。兩位草裙姑娘隨著歌聲節奏在草地上舞蹈。那舞者手勢款款，腰是水漾晃蕩，才兩步舞，已吸引了全場眼光焦點。歌聲是輕柔的波，舞姿是漣漪的柔，火光耀照著這一方海一般的浪漫，海一般的思念，海一樣的傾訴……我渴慕這樣的海洋，這樣的海風，這樣的場景……整個夜裡，我沉迷陶醉在他們玻里尼西亞夷情訴說的海洋裡。

我聽到了最美的歌聲，看見了最美的少女，感覺得最美的海洋。

機場候機室裡等候離去的班機，我終於明白遊客們在這座海洋城市來去之間，他們所得到的、所改變的，這一切毫無隱瞞的都寫在他們的臉上。

我們也有海洋城市

我們應該也有海洋城市。

十二個小時的飛行，飛越了半個太平洋，我回到我們的海洋城市——墾丁。

將幾天的見歷對照這裡的海洋，墾丁的確什麼都有、什麼都不缺。我們唯一欠缺的，似乎只是我們對待海洋的心。

沒有海洋觀點，我們留不住、也不會在意我們的海洋歷史與文化；沒有海洋的眼光，我們不曉得海洋安靜壯闊的意象；沒有海洋的心，我們不曉得提昇海洋資源的運用方式；沒有海洋的感動，我們沒有經營海洋城市的能力。

海洋是多面貌的，當然，她可以澎湃熱情，可以柔緩和美；她可以是一個發洩情緒的場所，也可以是一處滋養心靈的寧靜領域。我們的海洋資源表面是繁複被使用著的，本質上卻是相當單調及低層次的被我們耗用。

夜裡，我走到墾丁海灘散步，月光柔美，海洋蕩出一條銀波道路，像是灑滿了銀粉的一道地毯。我多麼渴望能以我們的海洋舞步走上海面鋪展的這條路，多麼渴望能夠吟唱屬於我們海洋的歌。

豔陽下的航行，好幾次我驀然回頭，看見了斗笠樣的大阪埒尖山，這山與海構組的氣象何止萬千……剎那間，我多麼想高聲長嘯……

為何我們沒有海洋的歌，沒有海洋的柔情，沒有海洋的遼闊、沒有海洋故事……

沒有海洋城市。

卷十一

海的叮嚀

老船長哀歎著：

「現在的魚仔，連談戀愛的機會都沒有。」

拒吃魩仔魚——對海洋的大愛

不久前曾經和一位老船長聊天，談到魚獲現況種種。老船長嘆了口氣回答說：「現在的魚仔，連談戀愛的機會都沒有。」

我一時聽不懂老船長的意思——魚仔談戀愛？魚仔沒機會談戀愛？最後，老船長蹙著眉頭接著說：「連吃奶嘴的都不放過，哪會有機會來談戀愛。」

老船長沿海浪濤裡打滾四、五十年，他見證了台灣沿岸海域數十年來海洋生命的枯榮過程，我能感受他幽默背後的沉重和沉痛。

台灣沿岸海域曾經是漁產富饒之鄉，為何短短才幾十年，我們已經走到了無魚可捕的枯竭窘境？相當貼切的形容，老船長說出了魚源枯竭的主要原因之一——我們是吃了太多的魩仔魚。

台灣人愛吃魩仔魚，說是鈣質豐富、營養豐富，尤其是愛吃魚又嫌魚刺、魚骨頭太多的人們。我們一口幾十條，一餐幾百條、幾千條這樣囫圇吞棗大量的吃……我們因為嗜吃而渾然不覺，我們已經吃掉了曾經豐盛的沿海漁產資源，同時，我們也贏得了嗜吃魚苗落後地區野蠻行為的惡名。

根據水產試驗所一份研究報告指出，魩仔魚是兩百多種魚類幼苗的統稱，牠們是海洋魚種數量及海洋食物鏈的基礎。我們的海域若是失去了這個基礎，研究報告中已清楚的指出後果——這樣的捕撈情況若是不加以管理和改善的話，最後，可能導至整個沿岸漁業的滅亡。

照理說，魩仔魚除了是多種魚類的數量基礎，同時牠們也是多種魚類願意靠岸覓食的主要原因。魩仔魚的確是種重要的食物，是許多種魚類賴以生存的重要食物，但絕不是我們賴以生存的重要食物。

我們曉得，沒有小魚就沒有大魚的簡單道理。而我們吃魩仔魚竟然吃了一百多年，那樣無骨、無刺、胡里胡塗的吃掉了我們的海洋生機。

日本人發明魩仔魚雙拖網漁具後，很快的，日本漁業當局瞭解這是一種嚴重破壞沿岸漁類資源的不當作業，所以，日本早已停止使用魩仔魚雙拖網作業。台灣在一九七七年間大量從日本引進他們已經禁止使用的漁網漁具及捕撈技術，並在我們的沿岸海域如火如荼地展開魩仔魚捕撈。並且，還將魩仔魚大量外銷到日本。

從沿岸漁撈統計資料不難分析解讀出，自一九七七年後，我們的沿岸漁獲量直線下墜，從此，台灣沿海再也沒有春天。

仔魚雙拖網作業效率高，撈獲量大，網袋網目僅一・四mm，也就是我們家裡紗窗網目的大小。研究報告清楚指出，自一九七七年後，台灣沿岸漁村已經起了生態性的變化——一、沿岸漁場消失。二、沿岸漁村經濟衰退。三、漁民間因資源掠奪性漁法的介入而糾紛不斷。四、捕不到魚，漁民無以為生終至鋌而走險走私危禁品戕害台灣社會。

理由十分充分，證據也十分明顯，我們沒有道理放任這樣嚴重傷害海域資源的漁撈行為繼續下去。

呼籲政府各級漁政單位，採取斷然措施，即刻研擬辦法收購魩仔魚雙拖網，並禁止魩仔魚捕撈。

我們曉得立法及政策推行還有一段冗長的過程，如果我們還想看到沿岸海域魚群跳躍，如果我們還想繼續有魚可吃的話，我們必須有所覺悟及有所抉擇。我們再也不能像過去那樣橫霸的大小通吃、胡里胡塗的吃。況且，把那樣出生不久，還在吃奶嘴的小魚苗像吃米粉一樣的扒來吃，有失我們之所以成為一個人、成為一個海洋國家子民的基本風度。

消費者有絕對的力量來影響生產者的方向。透過推廣及力行「拒吃魩仔魚運動」，將你對鄉土海洋的大愛展現出來。

為海豚講幾句公道話——別再將牠們當代罪羔羊

近日內連續二艘作業漁船被查獲捕殺海豚，船上查獲已大體肢解的瓶鼻海豚、花紋海豚及弗氏海豚，這兩起取締事件引發當地漁港延繩釣漁民的抗議，他們說海豚吃他們的魚餌、破壞他們的漁網、偷他們的魚獲，甚至說海豚吃了太多魚而讓他們捕不到魚。他們要求政府開放獵殺海豚。

這種要求開放獵殺海豚的喊聲，從保育法實施禁獵海豚至今，好幾年來持續不斷、不曾稍減，不禁讓人想探究其背後的原因，是真的如漁民朋友們所言？抑或只是為其他目的找理由來填塞而已？

根據學術單位對各種海豚「胃內含物」所作研究的資料顯示，台灣海域的各種海豚（包括上述被誤殺肢解的三種海豚），牠們的胃裡很少發現有高經濟價值的魚類。像瓶鼻海豚最常在胃裡被發現的是我們海洋裡數量不虞匱乏的「粗俗魚」，譬如「硬尾」、「赤尾」等；弗氏海豚吃的是上述粗俗魚和台灣海域漁民根本懶得捕抓的小魷魚；花紋海豚更確定從來不吃食經濟性魚類，牠的胃裡頭從來就只是沒人要的「南魷」及其他種小魷魚。

換句話說，這些被殺的海豚和漁民的撈捕作業，尤其和延繩釣作業沒有一點關係和衝突。

另外，海豚只會因誤觸漁網而喪失生命（這情況在台灣海域相當嚴重），海豚可能因垂死掙扎弄亂了漁網，牠們並不會主動去破壞漁民的漁網。反而，我們該思考這些漁網捕撈是否傷害海洋生態？是合法的嗎——譬如在國際間素有「死亡之牆」惡名的流刺網。

事實上，台灣海域會和漁撈作業衝突的，僅有海豚科裡的偽虎鯨（俗稱黑鰭）一種——牠們會去吃延繩釣魚餌、會從漁繩上吃食魚獲。

我們確實沒有道理，只因為一種海豚妨礙了漁撈作業，就指責說所有的海豚都該殺！這好比我們一個家族裡，若有人犯了錯就誅其九族一樣的沒什麼道理。

海豚是海洋生態系裡的高階消費群，一定的魚類資源供養牠們一定數量的存在。在海洋環境日益破壞，魚類資源日愈減少的今天，海豚的數量只會跟著減少。因此，沒有道理說魚獲減少是因為海豚吃掉太多的魚。若根據漁民朋友的邏輯，那早在人類還未介入魚類資源撈捕前，海洋裡應該早就剩下海豚而已——所有的魚老早就被海豚吃光了。

我們知道，地球上的天然資源都是有限的，永續使用才是聰明的打算；短視近利做無度的掠奪是愚蠢的，到頭來終會因資源的衰竭而自取惡果。我們不難從台灣的漁業發展史來檢視漁業資源衰竭的最大原因——當許多國家都已認知並著手施行「責任漁業」政策：控制漁撈量以不超過該魚種的繁殖量為責任——我們的漁業政策多年來卻還停留在漁獲量的追逐。

我們到底聰明或是愚蠢？

我們的漁撈沒有量的限制、沒有魚獲尺寸的限制、沒有魚獲季節的限制、除了毒魚、炸魚還算被嚴格取締外，我們沒有魚獲方法的限制……即使有法令限制也從無有效執行的能力。顯而易見，是我們的需索無度敗壞了海洋資源。這也就罷了，還回過頭來責怪海豚，將所有的責任推給海豚。

海豚要吃魚就好像人必須吃飯。的確，我們是當上帝當太久了，我們至今還未學得與地球上所有生命同生共榮的必要性，我們也並不懂得愛惜資源、尊重生命，就等同於自救的道裡。

我們的漁業好像一直停留在只會怪罪、只會指責的層次。

這樣的事件，明顯是我們錯殺了海豚，錯怪了海豚。若我們還無法從這事件中來檢討及省思我們的海洋資源問題，而卻又本末倒置的持續將海豚們當作代罪羔羊來看待，來考慮開放海豚的捕殺……那麼，我們將可以準備著手來悼祭我們的海洋。

撈污油

二十一世紀開始不久，一月十四日晚上阿瑪高斯號貨輪在龍磐公園附近海域擱淺。過完農曆年，這起意外事件在民意代表及媒體的炮轟下，揭開一段各取所需拼命撈油的戲碼。

事件高潮出現在擱淺意外後大約第二十天，大家一起來撈油的氣氛在誇大的炒作下儼然成形。媒體以台灣生態浩劫來報導及定位此一事件，電子信件充斥著號召大家捲起袖子一起來參與撈油，挽救台灣海洋環境生態等義憤填膺的言詞。事件現場，無論有償或無償，大批居民參與撈油……

最後，軍方出動了化學兵到現場接手撈油工作……我們肯定撈油的軍方弟兄及義務參與撈油除污民眾們的辛勞，他們辛苦的投入，將這起意外事件對海洋生態環境的傷害降到最低。

但是，我們也看到誇大的、盲目的、富含不良動機及唯恐天下不亂的意圖大量混雜在其中，這些人也在撈油，他們撈的是政治油水、是譁眾取寵的油水、是發災難財的油水……這段時間，整個台灣社會因而紛紛擾擾、是是非非了一段時間。

阿瑪高斯貨輪擱淺第五十一天，三月六日，國外除油專家判斷一年內受漏油污染的海岸生態將恢復到百分之六十以上。三月七日，有台灣環保教父之稱的環保署署長林俊義先生為此事件黯然下台。整個阿瑪高斯事件似乎就此倉皇落幕。

社會大眾如果不健忘的話，一定會對這起事件覺得恍惚——台灣海洋生態浩劫的吶喊猶在耳際——當事件炒得最熱鬧時，台灣上空被營造出來的氣氛，彷彿台灣海洋生態環境將因阿瑪高斯的擱淺而從此萬劫不復、永遠沉淪……如今我們恍然覺得事實情況好像並非如此。

這起事件，可以用高高舉起、重重摔下，暴起暴落來形容過程與結果的唐突落差。

事件落幕後，我們回頭來檢視過程。政府環保單位在強勢處理的時機果然是慢了一拍，但是，在強力著手處理後，我們看到了在各方聯手下展現出的除污工作效率。同樣的，在打擊政府威信、製造社會不安的政治層面來看，無可置疑的，藉此意外事件狠狠撈一票的政治撈油者也是極具效率而相當成功的。

我們也懷疑，當台灣社會付出了如此紛亂的代價後，是否因而記取教訓學得經驗？是否我們已然具備了面對下一起擱淺漏油事件的處理能力？

我們很懷疑，阿瑪高斯事件在如此煽風點火的炒作過後又如此草草落幕，到底這場教訓我們撈到了多少海洋環境生態保護的油水？

阿瑪高斯號是貨輪不是油輪，這起意外事件外漏的重油不過三百多噸。全世界每年因擱淺事件而外漏的原油不下三、四百萬噸，除非人類停止使用航運來載運原油，不然油輪擱淺、原油外漏污染海岸的意外事件將不會停止。台灣位居西太平洋航運的樞紐位置，海岸線長達一千一百四十公里，阿瑪高斯事件的落幕或一個環保署署長下台的結果，並不等同於保證擱淺漏油意外事件將不會在我們的海岸重演。

不止如此，下次的擱淺漏油事件以機率來看，非常有可能是上萬噸原油的外漏和污染，而不是阿瑪高斯的三百噸。

發生在二十四年前布拉格號油輪在東北角的擱淺事件，三萬噸原油外漏污染了七十餘公里海岸。當時政府以一桶一百元的代價鼓勵大家一起來撈油。那起意外，儘管附近居民幾乎全部動員大家一起來撈油。但是除了撈油，顯然那一場意外我們並沒有撈到該有的經驗和教訓。二十四年後，發生阿瑪高斯事件，我們看到的仍然是大家一起來撈油。只是上起擱淺事件發生時的政治環境比較單純，這次顯然複雜許多。同樣的問題仍然存在，我們除了各取所需拼命撈油外，事件的重點——油輪擱淺油污外漏的處理能力——我們到底得到了什麼教訓？學得了哪些經驗？

如果阿瑪高斯事件，我們所有的收穫僅在政治層面撈到油水，而不能在海洋生態環境保護層面上獲取教訓，那麼，我們將可以預見下一場真正的海洋生態浩劫的來臨。

一個海島國家、海洋國家，我們有必要具備處理船隻油污外漏的能量與機制。我們很高興知道「海洋污染防制法」於去年十一月一日通過。老天很快的讓阿瑪高斯來檢驗這個法案的適切性。相當清楚的，該法的權責單位並不明確，該法的施行細則也還闕如。如此情況下，環保署扛下所有責任顯然是政治角力下的犧牲品。

一個人、一個社會、一個國家，都免不了得從事件經驗中累積智慧。阿瑪高斯事件形式上已經落幕，但我們應該看待這起事件只是一個序幕，只是一場教訓。我們的確不願意再看到每一場意外事件中，政客們耍弄民意大撈政治油水的嘴臉，我們是該轉移政治化議題而將焦點放回海洋環境生態保護的能量上。

老天保佑，因為阿瑪高斯事件而讓我們具備了減少傷害和代價的能力，來面對下一場擱淺漏油的災難。

一根瓶子

盛夏八月，赴夏威夷參加「海上漂流廢棄物國際研討會」。這研討會因緣於源自陸地或來自船上拋棄的固態廢棄物越來越多，這些廢棄物藉由洋流傳輸，已擴散並影響到廣大範圍的海域，也嚴重危損到多種海洋生物的生存。

研討會會場展示了不少海報，每一張海報均呈顯出一則故事——一群人經過一段努力，將原本垃圾堆積的海灘還原她乾淨的面貌；或者，某國的海軍研發出船上垃圾處理的步驟與機械，他們已不再將海洋當作是理所當然的垃圾場；也有學術界的研究報告發表，指出疾病死去的海鳥胃裡頭，有打火機、有牙刷、有塑膠瓶蓋，有垂釣及漁業用以誘魚的螢光棒……甚至有一顆高爾夫球等等；有不少海豹、海獅及海豚被勒死在繩圈及廢棄的漁網上……無論魚類、海鳥、海龜、海豹、海獅或海豚，牠們都吃了太多不能消化，不能分解的塑膠廢棄物因而致死。

會場另一個頗有創意的展示主題，是由一群來自太平洋各島嶼的中學生，他們從他們島嶼的海灘帶來漂流廢棄物，並在會場將之組合成半帶嘲諷的裝置藝術品展示。

我遠遠就看到這根瓶子，那熟悉的形狀，及印刷在標籤上那熟悉的字體……按理說我應該感到高興，這裡相去台灣何止千里，能夠如此輾轉有緣的看到來自故鄉的一根礦泉水瓶子，我是否應該覺得高興？

也許，也許我也應該情調浪漫一下，想像類似「瓶中信」的現代版故事。

我走近這根瓶子，彎下腰細心察看——那已漂流一段時日，看得出來，曾經長了些附生物，雖然已剝落但留著斑白圈紋痕跡，標籤上的圖樣及字跡都已泛黃退色，那顯然已經海上好幾年漂流。但是，不難辨認，也難以磨滅的是上頭清楚寫著我熟悉的地名——水源出處：高雄……

我拿出筆記本記下這些。它有謎一樣不為人知的一段過程——可能幾年前高雄附近某人喝了它隨意拋扔在路邊草叢裡；可能幾年前一場颱風或豪雨將它沖下湍急的溪流，又沖下浪濤洶湧的海水裡；可能這根瓶子在我們海域裡浮浮沉沉好幾百個晝夜潮汐往返；可能它在台灣鄰近海域徘徊捨不得離開台灣；可能一波鋒面配合上一波強勁的洋流帶它離開了台灣領海，漂流到了公海；接著，星辰日月紛紛流轉；可能好幾年了它在這段漫長孤寂的太平洋旅程中無端漂流……偌大的太平洋，偌大的因緣合和，它終於得暫停漂流擱淺在太平洋中間小小一座陌生的島嶼海濱。它又多麼命運多衰，被撿拾當作代表不遠千里來參加這場國際研討會。

這根瓶子所屬的裝置藝術品，是一位戴著燈罩帽子的釣魚人，瓶子是他強壯透明的手臂。手臂上牽拉著一條紅線，隨著紅線像在牽因緣，紅線牽拉到他背後的太平洋地圖上。太平洋偏西，台灣東南向約二一〇〇公里外，一個叫 Yap 的小島，這根瓶子擱淺在 Yap 這座小而陌生的島嶼。

就這根瓶子加上洋流的推波助瀾，台灣和 Yap 這座小島牽扯上了並不是太正常的關係。

一位參加研討會的外國朋友，走過我身邊，看我認真這根瓶子吧，他稍停了腳步，打招呼的口氣說：「From Taiwan?」

這一刻，我心裡想，我們是應該做點事了。

也許我們可以把所有罪愆都推到這根瓶子身上，我們也可以輕鬆的自我解嘲說：「什麼關係，我們的這根瓶子只是其中之一而已。」

但是，這是一個事實，我在台灣鄰近海域有十幾年航行經驗，我必須誠實的說，每天從我們海域裡出發去做國際關係的瓶子何止幾百幾千。其它，若再加上印著商品標籤的塑膠袋及多種多樣具代表性不易腐敗、分解的漂流垃圾，它們只要能夠三年、五年堪得住海洋裡漂泊流浪的折騰——台灣外交的前鋒部隊，每天何止成千上萬地結伴從我們的海域裡洋洋灑灑地出發。

這次研討會極具效率的達成幾點共識與具體作法：一、建立資料庫以方便將來辨認這些漂流廢棄物（尤其漁業廢棄物）的出處來源。二、聯合各國作海灘廢棄物監測計畫，以期降低廢棄物數量及其漂洋過海的可能。

這時，我們是該做點事了，不要老是等到國際制裁的壓力降臨，才亡羊補牢地倉促額外贏得些國際惡名。

我們是太平洋西岸的一個島嶼國家，向東展望的是我們開闊的海洋舞台。沒有道理，我們老是把重要舞台當作是垃圾場後院來對待。世界上已經有一百三十幾個國家加入了海灘廢棄物監測計畫的行列。我們沒有道理自外於國際社會，沒有道理一直扮演著地球環境與生態殺手的角色。

情

夏威夷，這根不幸漂洋過海與我因緣巧遇的瓶子，它告訴了我以上這些想法與故事。

起了北風，海面掃出白浪，無法出海工作，換得半天難得休假。相邀去灣裡浮潛。

這五月起的北風，大抵颳的是水面上的事——水裡只增了些許混濁，從水底往上看，拍岸浪濤似雲團湧動，岩礁邊多了些泡沫碎浪……

咦？前頭矇矓晃晃似一座長牆阻擋，游近看時，赫然發現是一座底刺網沉埋張揚。這裡是著名的浮潛區，怎麼可能扞格一張底刺網這麼煞風景的隨浪張揚……橫亙的這座底刺網看起來網絲新鮮，應該才置放不久，一頭繫在臨岸岩礁上，網絲循著一路珊瑚礁高高低低緊密伏貼海床，另一頭朦朧深去不知終止。

魚已經少得可憐，這種珊瑚礁發達的海域，照理說，是魚族繁衍的天堂——應該魚群翩翩、魚種繽紛。但是，聽說這裡曾經是「炸彈區」……聽說過去附近居民三不五時就點個炸藥讓珊瑚礁區來個九二一大地震……不曉得這樣的悽慘摧殘前後經歷了多久。

好了，後來再炸也榨不出什麼油來……總算浩劫過後，當時珊瑚礁區定當一片死寂……不曉得又經過多少日月星辰孤獨流轉，生命斷斷續續隨波隨潮慢慢蔓延……可以想見，從一片廢墟災區裡如何一層層辛苦的累積和打造……漸漸有少數魚族停留下來，願意把這裡當成是他們的家來經營。

生活是辛苦的，可以想像。

從無到有，點點滴滴靠的不止是辛苦經營，泰半他們還得依賴奇蹟才得以存活。

誰知腳步才剛剛站穩，家業才奠下基礎，家族才要開始有機會衍展，這攔斷一切的底刺網無情又來撒在家門口。

啊！我看到網底纏掛著花斑斑可憐幾條魚，當下場景立刻讓人想到曾經讀過的一首詩——「為何連初長成的芽苞也要來狠心摧折」。

啊！啊！看掛網的魚隻掙扎、再掙扎也只能陣陣抽搐……

那抽搐陣陣震顫到我心裡頭……沒怎麼猶豫……只管潛下去，只管潛下去，只要一口氣還在也許多少還救得了幾隻。

先是一隻孤伶伶花彩鸚哥魚掛在半水，可憐網絲割切入大鱗片可能傷了身體……可憐才青少年、才手掌般大。

卸了網絲，幸好他一溜煙還能深潛竄去。

遠遠離開吧！能夠多遠就多遠、能夠多久就多久……等哪一天這裡不再有陷阱、不再是戰場、不再是災區……等那一天再回來經營不遲。

再深一點，就在沉底珊瑚礁頂，看到一對被稱為「關刀」的立旗鯛掛網……這立旗鯛經常被看到成雙成對形影不離繾綣情深……潛下去時，發現那一對立旗鯛中只有一隻掛網，另一隻是自由的。

那麼的情深款款，看了捨不得。

網邊他們頭碰著頭，似在鼓勵撫慰、似要以柔情來抗議這魔爪樣的網具。將掛網的魚體連網一掌握住，另隻手一根根、一絲絲將網線剝離魚體。魚體輕顫著，連掙扎都已乏力。我得特別小心……柔情經常脆弱易碎。

那隻一旁陪伴的伴侶，竟然毫無畏怯像是瞭解我的參與是怎麼回事。安靜的、期望的、勇敢的等在一旁。

看到牠牠一旁等待的模樣，這一刻，會讓人忘了浮到水面上去換氣是必須的。

自由了！堅持和等待終於獲得報償！

他們是一對，如翩翩一對蝴蝶比翼，互相觸著身子盈盈離開。

看著牠們，一直看到牠們在濛藍水底朦朧消失……踢了兩下蛙腳，我浮上水面……海面颳著北風清冷，感覺海水裡的溫度比空氣裡溫暖許多。

國家圖書館出版品預行編目資料

海洋遊俠：台灣尾的鯨豚
廖鴻基 著
臺北市：印刻，2001[民90]
面； 公分
ISBN 957-30142-0-3(平裝)
1.海洋生態－通俗作
367.89 90015752

INK PUBLISHING

作　　者　廖鴻基
發 行 人　張書銘
主　　編　郭定宇
出 版 社　印刻出版有限公司
台北市和平西路一段56號7樓之5
tel) 02-23645331
fax) 02-23645445
E-mail) ink.book@msa.hinet.net
發　　行　成陽出版股份有限公司
台北縣樹林市佳園路3段219巷37-3號
tel) 02-26688242
fax) 02-26688743
E-mail) rspubl@ms46.hinet.net
訂購專線　02-26688242(代表號)
劃撥帳號　19000691 成陽出版股份有限公司

著作完成日期　2001年10月　初版
國際書碼　ISBN　957-30142-0-3
訂　　價　240元

Printed in Taiwan

[讀 者 服 務 卡]

姓名：____________________

性別：□男 □女

出生日期：_____年_____月_____日

學歷：□國中 □高中 □大學 □研究所（含以上）

職業：□軍 □公 □教育 □商 □農

□ 服務業 □自由業 □學生 □家管

□ 製造業 □銷售業 □資訊業 □大眾傳播

□ 醫療業 □交通業 □貿易業 □其他

郵遞區號：___________

地址：_______縣（市）_______鄉_______鎮_______區

_______村_______里_______鄰_______路（街）

_____段_____巷_____弄_____號_____樓

電話：（H）______________ （O）______________

傳真：______________

E-mail：____

購書地點：□書店 □書展 □書報攤 □郵購 □直銷 □贈閱 □其他

您從哪裡得知本書：□書店 □報紙廣告 □報紙專欄 □雜誌廣告

□親友介紹 □DM廣告傳單 □廣播 □其他

您對本書的建議：

感謝您的惠顧！為了提供更好的服務，請將本卡沿虛線剪下，填妥各欄資料摺疊裝訂後免貼郵票直接寄回，或傳真02-23645445，我們將隨時提供最新的出版、活動等相關訊息，並可享受相關的特別優待。

讀者服務專線：（02）23645331

讀者傳真專線：（02）23645445

廣	告	回	信
台灣北區郵政管理局登記證			
北臺字第10441號			

(免貼郵資限國內使用)

236 台北縣土城市永豐街195巷9號

成陽出版有限公司 收

INK印刻出版 讀者服務部

請沿虛線剪下直接傳真或對折裝訂寄回，謝謝！

INK PUBLISHING